# 改訂版 数のはなし

●数の性質をさぐる

## 大村 平 著

日科技連

# まえがき

　'まえがき' は，文字どうり前書きですから，本文を書きはじめる前に書くのがほんとうだろうと思います．けれども，この 'まえがき' は本文が完結したあとで書いています．本文の内容が，書きはじめる前の志とはかなり異なったものになってしまったからです．

　この本は「数のはなし」です．関数，微積分，行列とベクトル，確率，統計など 12 冊に及ぶシリーズの中に位置づけられた「数のはなし」です．したがって，数学のあらゆる分野に共通な基礎としての数の性質を解説するのが目的ですから，本文を書きはじめる前には，なるべく応用動作にはしらず数の本質的な性質についてだけみっちりと書こうと志していました．

　ちょうど，あらゆるスポーツに共通な基礎作りはランニングであり，へんな色気を出して応用動作にはしることなく，みっちりとランニングで足腰を鍛えることがスポーツ選手として成功するための正道と心得て，わき目もふらずにランニングに励むように，です．

　そのためには，整数，有理数，無理数の構造などの基礎的なことがらに大部分のページをさき，数をめぐる他の話題については，心残りでもなるべく簡略にしようと心に決めて本文をスタートしたのでした．

　ところが，本文を書き終えてみると，どうやら単調なランニングを

端折って，いくらか変化に富む応用動作のほうに多くの時間をさいてしまったようです．決してランニングを怠けたわけではありませんが，初心を曲げたことは事実です．

　けれども，それには理由があります．整数，有理数，無理数の構造などは，たしかに数の性質のもっとも基本的な部分です．これなしで数のはなしがすむものでないことは言うに及びません．しかし，数学の全分野に共通な基礎として '数' をとらえるなら，どうやら，それだけでは不十分です．とくに，12 冊のシリーズにおけるただひとつの「数のはなし」であるからには，数の基礎に属することで他の 11 冊に含まれないものは，この本に収録しなければなりません．

　そういうわけで，この本では，純粋に基礎的な数の性質のほかに，数にまつわるいくつかの話題，たとえば，ゼロと無限大を含む演算，数列と級数，近似値と有効数字などなどの話題に多くのページをさく結果になってしまいました．

　そして，結果的には，これで良かったのだと思っています．これらの話題は，ランニングではないにしても腕立て伏せやうさぎ跳びなどが間違いなくあらゆるスポーツに役立つように，数学の多くの分野とかかわりを持ちながら，その理解を助けること請合いだからです．

　最後になりましたが，ともすれば怠けそうになる私を叱咤激励しながら「はなし」シリーズの出版を続けてくださる日科技連出版社の方方，とくに山口忠夫さんにお礼を申し上げなければなりません．

昭和 55 年 11 月

大　村　　平

# 改訂版発行にあたって

　当社の"はなしシリーズ"をはじめ，数々の名著を残してこられた大村平先生が，2021年にご逝去されました．心よりご冥福をお祈り申し上げます．

　本書の第5章に，「気を落とさないようにしなさい．見てごらん，空はなんときれいに澄んでいるのだろう．私はあそこへ行くんだよ」という，フランスの哲学者ジャン＝ジャック・ルソーの言葉が引用されています．きっと大村先生も，このルソーの言葉を心の中で呟いて，天国へ旅立って行かれたのだろうと思います．

　本書は，大村先生の夫人より許可をいただき，改訂版として刊行するものです．初版から40年の歳月が過ぎ，その間の社会環境の変化などによって不自然と思われる箇所が目立つようになってきたため，そのような部分だけを改訂させていただきました．

　残念ながら大村先生はご逝去されましたが，先生がかねがね気にされていたように，"はなしシリーズ"がいままで以上に多くの方のお役に立てるなら，出版社一同，これに過ぎる喜びはありません．

　　令和4年2月

日科技連出版社　　塩田峰久

# 目　　次

イラスト　佐々岡秀夫

# 1. 数の世界を展望すれば

## なぜ，ダメなのか

「なにごとによらず，いっちょまえ 1000 時間，ベテラン 3000 時間」という説があります．たいていのことは，1000 時間くらい練習すれば一人前になるし，3000 時間も練習するとベテランの域に達するというのです．

1000 時間といえば，毎日 3 時間ずつでほぼ 1 年，毎日 1 時間ならほぼ 3 年，週に 2 時間くらいのペースでは 10 年近くも要しますから，なるほどこれだけの時間をかけてみっちりと練習すれば，テニス，スキー，乗馬などのスポーツでも，囲碁，将棋，マージャンなどの勝負ごとでも，英会話，ピアノ，バレエなどの教養講座でも，よほど無器用でない限り，一人前のレベルにはいきそうです．そして，その 3 倍も練習を積めば，曲りなりにもベテランの域に達することになるでしょう．

ところがです．私たちは高校を卒業するまでに数学の教育を何時

間くらい受けてきたか考えてみてください．幼稚園から小学校，中学校，高等学校と進むにつれて，数あそび，算数，算術，数学といろいろな呼び名が使われますが，要するに，数学についての教育を 12 〜 14 年にわたって受けているのです．かりに週あたり 4 時間とすると，夏休みなどを差し引いても，ゆうに 2000 時間を上回る教育を受けてきているはずです．これに，各人ごとに勉強する時間や，買物や小遣いの計算とか，所要時間や距離の見積りなど，実生活の中で数学を使う時間を加えると，数学の学習に投入する時間が 3000 時間を下回る人はめったにいないでしょう．

　では，私たちは，数学についてベテランの域に達しているでしょうか．われこそはベテランだと自信のある方は手を挙げてください．私には，とうていその自信がありませんが……．では，せめて'いっちょまえ'だと思われる方は手を挙げていただきましょうか．こんどは半分くらい手が挙がるかもしれませんが，残りの半分は「どうも数学だけは苦手で……」と挙手をためらうにちがいありません．

　「いっちょまえ 1000 時間，ベテラン 3000 時間」だというのに，数学についてだけは 3000 時間以上を投入してもベテランにならないばかりか，一人前にさえなれない方が多いのはなぜでしょうか．

　これに対しては，いくつもの言い訳が考えられます．そのひとつに，数学はテニスや将棋などとはちがって全員が等しく学ぶから，自分だけが一人前だとかベテランになったとかの意識がなく，相対的な劣等感だけがクローズ・アップされるからではないか，というものです．

　けれども，箸を使うという動作について考えてみてください．日

本人なら誰もが幼いころから箸を使う練習を重ね，ほぼ1000時間くらいは練習を積んだと思われる10歳前後には，外国人の目から見れば完全に一人前な箸使いになっているはずです．そして，3000時間くらいは箸を使ってきたと思われる成人式のころには，いわれてみれば確かに箸使いのベテランになっていることに異存のある方はいないでしょう．箸を使うという動作は，全員が等しく学ぶにもかかわらずです．ですから，さきほどの言い訳はピント外れです．

　こうして理屈に合わない言い訳をひとつひとつ消去していくと，どうやら最後に，数学では容易に一人前になれない本当の理由らしきものが残ります．それは，ひと口に数学といっても，その取り扱う範囲が非常に広く，テニス，将棋，ピアノなどと対比されるものではなく，それらより一段高いレベルでの分類，つまり，スポーツ，勝負ごと，器楽などと対比されるだけの幅を持っているからだというのです．

　なるほど，あらゆるスポーツのすべてにおいて一人前になるためには，テニス，スキー，乗馬，水泳，アーチェリー，すもう，ボクシングなど，ずいぶん性格の異なるたくさんの種類を片っぱしからものにしなければなりません．とても1000時間やそこいらでは一人前になれるわけはなく，勝負ごとや教養講座についても同じことです．数学は，これらと同じ，あるいはそれ以上の間口を持っているわけですから，天才でもない限り，1000時間や3000時間で数学をマスターできないのは当たり前なのかもしれません．

　そもそも，数学とはなんでしょうか．むずかしく考えるときりがありませんから，「数や量の性質を追究する学問」くらいに軽く考えてみましょう．そうすると，たくさんの数や量をまとめて取

り扱ったり，全体とサンプルの関係を調べたりする統計や確率，数や量の変化のしかたや対応のしかたを追究する関数，ベクトル，行列，微分積分，数や量の世界の構造にスポットライトを当てる集合や論理，さらには，数や量に目で観察するための形を与えた幾何など，非常に広い範囲がぜんぶ数学の対象になるのです*。

これだけ広い間口を誇る数学であれば，それは，テニスとか将棋などと比較すべきではなく，スポーツ全体や勝負ごと全体に匹敵するとみなしても，おかしくはないでしょう。

さて，これだけ広い間口を誇る数学ですが，数学とひと口に呼ばれるだけあって，全体に共通の基礎があります。すべてのスポーツに共通する基礎はランニングであり，アーチェリーや重量挙げなど，ランニングにはあまり関係がなさそうに思えるスポーツの選手でも，ランニングを怠るようでは一人前になれないと言われています。同様に数学にも，それなしでは数学そのものが存在し得ないような共通の基礎があります。

数学に共通する基礎は，数そのものの性質です。あとで述べますが，量は数の親戚に当たる概念ですから，数と量の変化や構造などを追究する学問が数学である以上，数そのものの性質が数学のすべての分野に普遍的な共通事項であるのは，考える必要もないくらい当たり前のことです。それなら，数そのものの性質を正しく把握することが，すべての数学の分野をより深く理解するための必須条件

---

* 数学とはなにか，この難問について，数学者ではないくせに現実の問題解決のために数学を使いこなすことにおいては一流と考えられる人たちが集まって，数学をモデル化して図示したものが『図形のはなし』80ページに載せてあります。

であるにちがいありません. ランニングがあらゆるスポーツにおいて上達の必須条件であるようにです.

こういうわけで, この本は「数のはなし」です. 数についての基礎的な性質を片っぱしから噛み砕いていきましょう.


## 自然数であることの証言

バートランド・ラッセル卿\*は, 核兵器による人類の破滅を回避しようとする運動の立役者として有名でしたが, 多くの名言を残したことでも知られています. そのうちのひとつ…….

ひとつがいの雉と, 2日が, いずれも‘2’という抽象的な数の例であることを発見するのに, 人類はきっと長い年月を要したことだろう…….

さらに, こういう話もあります. 貧しくて学校にも通えないような国の人達に3人と2人をいっしょにすると5人になることをやっと教え込んだので, 3本のバナナと2本のバナナをいっしょにすると何本になるかと尋ねると, もうわからない. いま教えたじゃないかというと, 3人と2人で5人になることは習ったが, 3本と2本とで何本になるかはまだ習っていないと, 不服そうに答えたというのです\*\*.

このように, 1とか2とかいう数は, 個数, 本数, 人数, 日数などに共通する特徴を抽象化したものですから, けっこうレベルの高い概念です. いったい, 人類がこのような数の概念を会得したの

---

\*　Bertrand Arthur William Russell(1872 ～ 1970), イギリスの数理哲学者, 1950 年にノーベル文学賞受賞.

は，いつごろでしょうか．数を書き表わすもっとも素朴な方法は，その数だけ印をつけることであり，それはきっと，古代エジプトや古代ギリシアなどで数を表わす文字が使われはじめたころより，ずっとずっと昔から行なわれていたにちがいありません．そして，ひょっとすると指を折りまげて数を表わしたり伝達したりすることは，それよりも以前から行なわれていたように思います．

けれども，いっぽうで，3人 + 2人 = 5人と3本 + 2本 = 5本とが同じであることがわからない人達がいたり，理解できる数は1と2だけで，3以上はまとめて 'たくさん' といい表わす人達がいるという話もありますから，人類は数の概念をいま習得しつつあるのかもしれません．いずれにせよ，数十万年の人類の歴史からみれば，人類が数の概念を会得したのは，ごく最近といっていいでしょう．

ところで，まず人類が会得した数は，ものをかぞえるための1, 2, 3, ……であったことは想像に難くありません．常識的に考えても，人類が最初に使いはじめた数が，マイナスの値や分数や無理数であるはずはありません．それほど，1，2，3，……は自然な数であるともいえるでしょう．だから，これらの数は**自然数**と呼ばれます．

おおむかしは，たぶん人の数とか獲物や家畜の数をかぞえるためだけに数が必要だったのでしょう．けれども，こうして自然数が自然発生的にできてしまうと，後世の人たちは自然数そのものの性質に興味を抱き，いろいろと調べはじめました．

---

＊＊　この話は，どこかで読んでおもしろいなと思ったので，『関数のはなし（上）【改訂版】』12ページでも使わせてもらいました．もっとも，そこでは，抽象度が高いということが，多くの場合，応用範囲が広いことを意味するという例に使ったのですが……．

　1をつぎつぎに加え合わせていくと，2になり，3になり，4に
なり，……そして，すべての自然数ができてしまいます．で，ギリ
シアの昔，人びとは大いに悩みました．数を作り出す原料も，やは
り数なのだろうか……？＊

　また，たとえば12は6でも4でも3でも割り切れるのに，7や
11は1か自分自身でなければ割り切れません．このような数を**素
数**というのですが，素数はいくつあるのでしょうか．そして，素数
の現われ方には規則性があるのでしょうか……？

　6は自分自身のほか，1と2と3とで割り切れます．そして，そ
の1と2と3とを加えるともとの6になります．このような数を**完
全数**といい，28も完全数ですが，このほかに完全数はいくつある
のでしょうか……？＊＊

　1が数であろうとなかろうと，素数や完全数がいくつあろうと，
腹のたしになるわけでもないし，病気がなおることもありません．
けれども，パスカルの名言のとおり「人間は考える葦」です．考え
るために生まれてきた動物です．知的興味を動機として，自然数の
ひとつひとつに果てしない思いをめぐらせていきます．とくに素数
については，いろいろな性質が発見され，そのうちのいくつかには
数学上の価値が認められていますので，第5章あたりでご紹介しよ
うと思っています．

---

＊　いまでは1が数ではないと信じている人はいませんが，古代ギリシアの
　　人たちは悩みに悩んだあげく，1は数ではないとの結論に達し，1を「は
　　じまり」と定義したと伝えられています．

＊＊　このほかにも，496，8128，33550336などがあり，現在までに51個が発
　　見されているようです．

## かぞえてばかりが能ではない

おおむかし，人類が獲物や家畜の数とか人の数とかをかぞえるためだけに数を使っているうちは，自然数だけがあればこと足りたにちがいありません．けれども，もう少し人類の文化が進んで集落を作り，治水や農耕に手をつけはじめると，'かぞえる'だけではことが運ばなくなります．土手の長さや高さとか，田畑の面積などはかぞえるわけにいきません．それらはどうしても，測らなければならないのです．

測るということは，どういうことでしょうか．長さを測るという行為を分析してみると，それは，一定の物指しと比較して，そのなん倍の長さがあるかをかぞえる行為であることがわかります．早い話，土手や道の長さを測るとき，歩はばを物指しにして，なん歩ぶんの長さがあるかを歩測するようなものです．このような物指しを**単位**というのですが，長さの測定の場合には，古くから人体の一部を物指しとしてきました．その物指しの長さが，単位として現代まで継承されているものが少なくありません．たとえば，一尋は両手をいっぱいに拡げた長さ（6尺）であり，フィートはfoot（足）の複数形であるように，です．

こういうわけですから，長さ，重さ，面積，速さなどの量を，一定の量——これが単位です——を基準としてそのなん倍あるかを'かぞえる'行為が'測る'ことの意味であり，つまり，'測る'は'かぞえる'の延長線上にあることがわかり，ひとまず安心します．しかし，古代の人たちはここでやっかいな問題に遭遇したにちがいありません．ある単位を基準にしてなんらかの量を測っていくと，た

いていの場合，きっかりとはかぞえきれずに，はんぱが残ってしまいます．切り倒した木材の長さを，根元のほうから両手をいっぱいに拡げて一尋，二尋，……とかぞえていくと，多くの場合，梢<sup>こずえ</sup>のほうに両手いっぱいを拡げた長さに満たないはんぱが残ってしまいます．

このはんぱな量を正確に表わすためには，どうしても**分数**が必要になります．そして分数は別の表わし方をするとコンマ以下にも数字が並んだ**小数**になります．つまり，個数を 'かぞえる' ための数は 1，2，3，……という，とびとびの値ですむのですが，測るためには，1 と 2，2 と 3 などの間もべったりと埋めつくされた値が必要になってくるのです．かぞえるだけならデジタル（離散的）な値ですみますが，測るためにはアナログ（連続的）な値が必要になるというわけです．

そのため，人類は否が応でも分数や小数を学習しなければならなくなったのです．


## ゼロからマイナスへ

自然数 1，2，3，……を使いはじめた人類が，さらに数の概念を発展させていくひとつの方向は，1 と 2，2 と 3，3 と 4，……などの間にある分数や小数を学習することにありましたが，同時に，もうひとつの方向は，ゼロという概念を発見し，さらにマイナスの値を認めることにありました．

あとでも述べるつもりですが，人類がゼロを発見するためには，自然数を習得したときより格段に高い発想の転換が必要だったにちがいありません．バートランド・ラッセル卿の言葉に勝手な言葉を

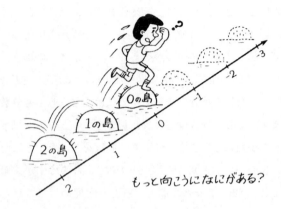

もっと向こうになにがある？

追加させていただくなら、「ひとつがいの雉と 2 日が、いずれも‘2’という抽象的な数の例であることを発見するのに、人類はきっと長い年月を要したことだろう。さらに、雉がそこに存在しないことも、日数がないことも、長さがないことも‘ゼロ’という抽象的な数で表わせることを発見するのには、もっともっと長い年月を要したにちがいない」ということになるでしょう。

ゼロが発見されると、人類の目はマイナスのほうに向けられます。1 をつぎつぎに加え合わせていくと、2 になり、3 になり、4 になる、……ということを知っていて、それを逆にたどって、3 から 1 をとると 2 になり、2 から 1 をとると 1 になり、1 から 1 をとると、あら、なくなってしまうぞと閉口していたところ、その状態が 0 という数で表わせると発見しました。それなら、0 からさらに 1 をとったらどうなるか、もひとつついでに 1 をとったらどうなるかと好奇心をもやすのは、考える葦としては当然の成りゆきのように思えます。

　こうして，……，－3，－2，－1，0，1，2，3，……という**整数**が作り出されると，ちょうど1と2の間や2と3の間などに位置するはんぱな数を分数や小数で表わしたように，－1と－2や－2と－3の間などに位置するマイナスの分数や小数を手に入れるにも，たいした抵抗はなかったのではないでしょうか．

　これで，マイナスからプラスにいたる全領域をびっしりと埋めつくすすべての数が人類のものになったかのように見えました．けれども，人類はまたもや困難に遭遇しなければなりませんでした．文化がさらに進んで土木工事も大規模になり，建築や工芸も精密さを増してくるにつれて，単純な図形の寸法の中に分数や分数の代用品としての小数\*では表わせない奇妙な数が見出されてきたのです．

　たとえば，ある直径の円の周囲がいくらになるかを調べてみると，どうしても分数やきまりのいい小数では表わせず，無限に長い小数が不規則に延々とつづく気配です．また，直角2等辺三角形の斜辺の長さについても，まったく同様な気配が濃厚です．円や直角2等辺三角形は，正方形などと並んでもっとも身近な図形なのに，そこに現われる長さが分数や，きまりのいい小数で表わせないとは，なにごとでしょうか．

　そこで，円周率 $\pi$ や $\sqrt{2}$ をなんとか分数やきまりのいい小数で表わそうと，たくさんの知識人が長い年月を費やして悪戦苦闘を繰り返しました．そして，ついに，それらは分数やきまりのいい小数では表わすことのできない数であることが明らかになったのです．こ

---

\*　分数を小数に直すと 0.365 のような有限の長さの小数か，0.909090…… のような循環小数になります，詳しくは，191 ページ.

ういう数を**無理数**といい，かなりムリな数なのですが，日常生活で付き合いの深いπや√2などを無視してはことが進みません．これらの数の性質も深く見極めなければならないのです．こうして，人類は数についての知識をつぎつぎにふやし，数をだんだんと使いこなしていくようになったのです．

### 標識としての数もある

1に1をたすと2になり，2に1をたすと3になり，逆に1から1をとると0になり，0から1をとると−1になります．つまり，……，−1，0，1，2，3，……という整数は，それぞれ1だけの間隔を保って整然と並んでいます．そして，1/2は0と1のちょうど中央に位置するし，2.4は2と3の間を4：6に内分する位置を占めているというように，すべての数は一本の線上にそれなりの間隔を保ちながら順序正しく並んで，それが数どうしの大小関係を決めています．これが，数の世界の秩序です．

ところがです．東北楽天ゴールデンイーグルスの松井選手の背番号は1，太田選手は2，浅村選手は3です．では，この3人が常に一定の間隔を保って整然と並んでいるでしょうか．そんなことがあり得ないとしたら，せめて，身長とか体重とか，あるいは年齢とか収入とかがその順序に従って一定の差で並んでいるとでもいうのでしょうか．そうではありません．これらの数字は単に3人に与えられた標識にすぎないのです．甲，乙，丙，丁，戊でも，松，竹，梅，福，禄，寿でもイ，ロ，ハ，ニ，ホ，ヘ，トでもなんでもいいのですが，たまたま，数十人の選手に標識をつけるなら，数字が

もっとも識別しやすいので，数字を使ったにすぎません．

　数字の使い方としては邪道かもしれませんが，多数のものを識別する目的には数字がぴったりなので，数字がこのような使い方をされることが少なくなく，これも，数字のもつご利益<sup>りやく</sup>のひとつでしょう．その典型的な例は電話番号です．東京の電話番号は 8 桁ですが，8 桁の数字を使えば 1 億個の電話を識別できるかんじょうです．これらを松竹梅福禄寿……で識別しようとしたら，えらいことになるにちがいありません．

　このような目的に使われる数字は，文字通り**標識数**と呼ばれたりします．これに対して，かぞえたり測ったりするときに使われる数，いいかえれば，大小関係の秩序を維持した本来の姿の数を**計量数**などと呼ぶことがあります．

　計量数は大きさの順に正しい間隔で並んでいるのに対して，標識数は大きさの順序に意味がありませんから，正しい間隔などという感覚はもちろんありません．ところが，大きさの順序には意味がありながら，間隔にはとらわれない数の使い方もあります．1 番め，2 番め，3 番め，……とか，1 位，2 位，3 位，……などがそれです．これらは**順序数**と呼ばれます．文字どうり順序だけに意味があり，程度の差は問わない数だからです．

　こういうわけですから，順序数は本質的には標識の一種と考えてもおかしくありません．必ずしも数字を使う必要がなく，序列がはっきりしている記号で代用することも可能だからです．すし屋の「特上，上，並」や鉄道の「特急，急行，準急，普通」などにも，その気配が伺えるではありませんか．

　もっとも，順序数なのか標識数なのか判然としない場合も少なく

ありません，駅のプラットホームには1番線，2番線，3番線など
の呼び名がついています．これらは松ホーム，竹ホーム，梅ホーム
としても識別するという目的は果たせますから，本質的には標識数
だと思うのですが，たいていの駅では乗客の便宜のために1番から
2番，3番と順序正しく並べてありますから，順序数らしい趣もあ
ります．

　こういうわけですから，私たちが使っている数字を性格の面から
分類すると，計量数，標識数，順序数の3種類があることになるの
ですが，このうち標識数と順序数は，すでに書いたように，ある種
の標識ですから，計量数のように，加えたり，引いたり，掛けたり，
割ったりの演算ができません．私たちが扱う数学は，演算を骨格
にして組み立てられた学問ですから，演算のできない数の性質など
を丹念に調べても，あまり数学の役にはたたないでしょう．そこで，
私たちはこれからさき，計量数についてだけ調べていこうと思います．

## あちらこちらから，じっくり見る

　真実はひとつだ，といわれます．が，ほんとにそうでしょうか．
円柱はまうえからは円に見え，まよこからは長方形に見えます．む
かし，東京にお化け煙突*というのがあり，4本の煙突がある方向
からは1本に，他の方向からは2本に，別の方向からは3本に，そ
してそれ以外の方向からは4本に見えていました．また，切れ味鋭

---

\*　東京電力千住火力発電所の4本の煙突がこう呼ばれていました．このお化
　け煙突のことは，『したしむ量子論』(志村史夫著，朝倉書店，1999)の4ペー
　ジに，写真と図で解説されています．

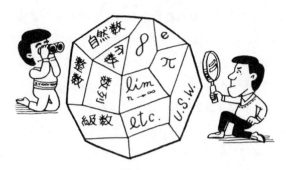

## あちらこちらから
## じっくり見る

い文章と構成力で文壇を湧かせた芥川龍之介の作品『藪の中』では，事件の渦中にあった人たちの事実に対する認識が立場によって微妙に異なる様が鋭く描かれています．

　こうしてみると，真実はひとつであり，見る立場によって異なった姿になるのか，あるいは，真実の全貌はしょせん神ならぬ人間には決して見ることができず，各人の目に写った姿のひとつひとつを真実とみなさなければならないのか，私にはよくわかりません．

　真実は，ひょっとすると‘ひとつ’なのかもしれないと思います．けれども，ある個人がある立場から観察している限りでは，決して真実の完全な姿を見ることはできないのでしょう．そうであるなら，真の姿を見極めるためには，できる限り多くの異なった方向から，じっくり観察する必要があります．さもないと，「群盲象をなでる」のたとえのように，本質を理解することはできないでしょう．

　私たちは，数学全般に共通する基礎ともいえる数の性質を見極めようとしています．したがって，‘数’をいろいろな角度，それも

なるべく大きく異なった角度からじっくり観察する必要があります. そのためには, 自然数, 整数, 分数, 無理数などの全般的な性質に目を向けることももちろん必要ですが, それだけでは, じゅうぶんではありません.

　個々の数の中でも数学に対して大きな影響力をもついくつかの数, たとえば 0 や π などについては, 特に詳しく調べなければなりません. また, 数がどんどん大きくなっていったあげくに, なにが待っているのかも知らなければなりません. それに, 数が規則的に並んだ数列なども, 数の性質を理解するうえで欠かせない手掛りです.

　これらのどれもこれもが, 数の性質という真実のひとつの姿ですから, 見落とすわけにはいきません.

　それでは, 数の性質という名の真実を観察していきましょう. 数についての参考書では, 自然数, 整数, 分数からはじめて無理数に進み, π とか e とかを調べてから, 数列, 級数などへ移っていくのがふつうでしょう. けれども, この本はややへそ曲りで, ふつうの順序には従いません. どっちみち, あちらこちらから '数' を観察しなければならないのなら, 多くの方が常識的にある程度は知っている自然数や整数はあとまわしにして, 別の角度から数を眺めるほうがおもしろいと思ったからです.

　だいいち, のっけから, 実数には有理数と無理数があり, 有理数とは……などと書いたのでは, 読者のうんざりした顔が目に見えるようですし, それに, 書いているほうも, ちっとも楽しくありませんから.

# 2. つぎの数はなにか

## ―― 数列のはなし ――

### ご存じ，等差数列と等比数列

　私ごとで恐縮ですがお許しください．私は，男女合わせて5人兄弟です．この5人の兄弟は，ちょうど2歳ずつ年が離れています．きっと，私たちの両親の生産管理がいき届いていたのでしょう．ついでに品質管理のほうにももう少し気をつけてくれればよかったのに……．

　さて，ずっと昔のある年，この5人兄弟の年齢を合計すると35であったと思ってください．各人の年齢はいくつだったのでしょうか．答えを見つけるのは，わけもありません．長男の年齢を $x$ とすれば，5人の年齢はそれぞれ

$$x,\ x-2,\ x-4,\ x-6,\ x-8$$

であり，これらの合計が35なのですから

$$x+(x-2)+(x-4)+(x-6)+(x-8) = 5x-20 = 35$$

$$\therefore\ \ x = 11$$

となり，5人の年齢はそれぞれ

$$11,\ 9,\ 7,\ 5,\ 3$$

であるに決まっています.

　話題がころっと変わります.架空の人物という説もありますが,豊臣秀吉に仕え,ユーモラスで機知に富み,落語家の始祖とも言われている曾呂利新左衛門には,数々の逸話が残っていますが,その中のひとつに,こんな逸話が残っています.何かの手柄をたてて秀吉から「望みのほうびを取らせるぞ」といわれたとき,「きょうは米を1粒,あすは2粒,その次の日は4粒というように,毎日倍々と1年間いただきたい」と答えたというのです\*.当時は米は貴重品であったとはいえ,たかが米粒のこと,倍々としてもたいしたことはあるまいと秀吉が思ったかどうかつまびらかではありませんが,これはどえらいことなのです.1日ごとに新左衛門がもらう米粒の数は

$$1,\ 2,\ 2^2,\ 2^3,\ 2^4,\ \cdots\cdots$$

とふえていき,1年後の最後の日には

$$2^{364}$$

だけ米粒をもらうことになるのですが,これは,私たちの想像を絶するほどべらぼうな量になります.対数を使って計算してみると\*\*

$$2^{364} \fallingdotseq 4 \times 10^{109}$$

になります.いっぽう,約4万個の米粒が$1\ell$の容積を占めますから,$4 \times 10^{109}$個の米粒は

$$10^{105}\ell = 10^{102}\mathrm{m}^3 = 10^{93}\mathrm{km}^3$$

の容積を占めるかんじょうになります.この容積がどんなものか見

---

　\*　1カ月や100日など,諸説あるようですが,この本では1年としました.

\*\*　対数を使った数値計算は,たとえば『関数のはなし(上)【改訂版】』221ページなどを参考にしてください.

当がおつきでしょうか．地球の体積が，$10^{12}\,\mathrm{km}^3$，太陽の体積でさえ $10^{15}\,\mathrm{km}^3$ にすぎませんから，形容する言葉もないくらいの容積です．これにはさすがの秀吉も腰を抜かしたにちがいありませんが，それにしても新左衛門は，これだけの米をもらってどこに置くつもりだったのでしょうか．

私の兄弟の年齢に関しては

$$11,\ 9,\ 7,\ 5,\ 3$$

という数列が現われ，曾呂利新左衛門の米については

$$1,\ 2,\ 2^2,\ 2^3,\ \cdots\cdots,\ 2^{364}$$

という数列を紹介したところで，察しのいい方からは，これらの例を使って等差数列や等比数列を説明するつもりにちがいないと，私の魂胆を見透かされてしまったようです．見透かされてしまった以上，手のうちを公開しながら話を進めましょう．

ある規則にしたがって並んでいる数の列を**数列**といいますが，そのうち，どの項についても前の項との差が一定であるような数列を**等差数列**といい，その差を**公差**ということは，すでにご存じでしょう．数学らしいていさいをととのえて書けば

$$a_1,\ a_2,\ a_3,\ \cdots\cdots,\ a_n,\ \cdots\cdots$$

という数列において*

$$a_n = a_{n-1} + d \quad (\text{ただし，}\ n = 2,\ 3,\ 4,\ \cdots\cdots) \qquad (2.1)$$

であるとき，この数列は等差数列であるといい，$d$ を公差といいま

---

\* $a_1,\ a_2,\ a_3,\ \cdots\cdots,\ a_n,\ \cdots\cdots$ と並んだ数列を数学の世界では**数列** $\{a_n\}$ と書くことが多く，このほうが紙面の節約にはなるのですが，やや親しみにくい感じなので，当分の間は紙面のムダを許していただいて，$a_1,\ a_2,\ a_3,\ \cdots\cdots,$ $a_n,\ \cdots\cdots$ と書くことにします．

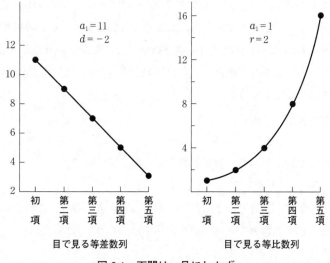

図 2.1　百聞は一見にしかず

す．私の兄弟の年齢は，公差が $-2$ の等差数列であったわけです．

また，どの項についても前の項との比が一定であるような数列を**等比数列**といい，その比を**公比**ということも，ご存じのことだと思います．

つまり

$$a_1,\ a_2,\ a_3,\ \cdots\cdots,\ a_n,\ \cdots\cdots$$

という数列で

$$a_n = a_{n-1}r \quad (ただし,\ n = 2,\ 3,\ 4,\ \cdots\cdots) \qquad (2.2)$$

であるとき，この数列を等比数列といい，$r$ を公比というのです．米粒の数列は，公比が 2 の等比数列でした．

なお，数列の最初の項，つまり $a_1$ を**第 1 項**または**初項**といい，以下，$a_2$ を**第 2 項**，$a_3$ を**第 3 項**，……（中略）……，$a_n$ を第 $n$ 項

……と呼ぶことも，いまさらご紹介するまでもないでしょう．さらに，等差数列の第 $n$ 項は

$$a_n = a_1 + (n-1)d \tag{2.3}$$

で表わされ，等比数列の第 $n$ 項は

$$a_n = a_1 r^{n-1} \tag{2.4}$$

で表わされることも容易に理解できますが[*]，この2つの式のように，数列の項を一般的にいい表わしたものを**一般項**と呼ぶことも多くの方がご存じだと思います[**].

　ところで，等差数列を**算術数列**，等比数列を**幾何数列**と呼ぶことがあるのですが，なぜだかご存じでしょうか．それは，連続した3つの項に着目してみると，等差数列では

$$a_k = \frac{a_{k-1} + a_{k+1}}{2} \tag{2.5}$$

で，中央の項が両側の項の算術平均になっているし，等比数列では

$$a_k = \sqrt{a_{k-1} \cdot a_{k+1}} \tag{2.6}$$

というぐあいに，中央の項が両側の項の幾何平均になっているからです．

　この2式は証明するまでもないのですが，念のために式(2.6)のほうだけでも証明しておきましょう．これは等比数列の場合ですから，式(2.4)を参考にすると

---

[*]　式(2.4)で，$n$ が1のときには $a_1 = a_1 r^0$ となり，$r^0 = 1$ でないとつじつまがあいません．ある数のゼロ乗がなぜ1であるのかについては，107ページでご説明します．

[**]　つまり，数列 $\{a + (n-1)d\}$ は等差数列を，数列 $\{ar^{n-1}\}$ は等比数列を表わしていることになります．

$$a_{k-1} = a_1 r^{k-2}$$

$$a_{k+1} = a_1 r^k$$

であり，したがって

$$\sqrt{a_{k-1} \cdot a_{k+1}} = \sqrt{a_1 r^{k-2} \cdot a_1 r^k} = \sqrt{a_1^2 r^{2k-2}} = a_1 r^{k-1} = a_k$$

という次第で，中央の項が両側の項の幾何平均になっていることがわかります．退屈でしたね．


## 階差数列に手掛りを求めて

等差数列と等比数列は兄弟の年齢や米粒ばかりでなく，私たちの生活の中にしばしば現われる代表的な数列です．けれども，等差数列と等比数列だけが数列ではありません．なんらかの規則にしたがって並んでいる数の列はすべて数列ですから，数列には無数の種類があります．そのうちから，いくつかの例をあげてみましょう．

まず

$$0, \ 3, \ 8, \ 15, \ 24, \ 35, \ 48, \ \cdots\cdots \qquad (\text{数列A})$$

という数列を見てください．これはどんな規則にしたがって並んだ数列でしょうか．実は，これは

$$n^2 - 1$$

という2次式の $n$ に，いちばん単純な等差数列1, 2, 3, 4, 5, 6, 7, ……を代入して作った数列です．この数列で隣接した項との差，つまり $a_{n+1} - a_n$ を調べてみると

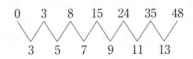

であり，3，5，7，9，11，13，……という等差数列になっていることにご注意ください.

つぎの数列は

　　　　26，4，−2，8，34，76，134，……　　　　（数列B）

です. いままでは，初項からつぎつぎと増加の一途をたどるか減少しっぱなしの数列ばかりを扱ってきましたが，こんどは，初項から第3項にかけては減少し，第4項からは増加の一途をたどっているのですから，へんな数列です. それに，マイナスの数字が混っていたりして，あまり規則性がないようにも見えます. いったい，どのようなルールでこの数列が作られているのでしょうか.

手掛りを求めて，前の例と同様に隣接した項との差を調べてみると

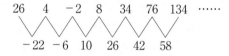

となるのですが，−22から58までの6つの数字がどのような規則性を持っているのか，ちょっと見には見破れません. そこで，−22から58までの6項について，また隣の項との差を調べてみます.

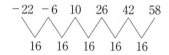

おや，−22から58までの6項は等差数列ではありませんか. この性質に関しては（数列A）の場合と同じです. ひょっとすると私たちのへんな（数列B）も，$n$の2次式から作られたものではないでしょうか. そのとおりです. このへんな数列は

　　　$2n^2 - 3n - 1$

の $n$ に, $-3$, $-1$, $1$, $3$, $5$, $7$, $9$, ……という等差数列を代入して誕生した数列でありました.

一般に, 2次式の $n$ に等差数列の値をつぎつぎに代入して誕生した数列では, 隣接項との差が等差数列になります. これを証明するのは簡単です. 数列を作り出すための $n$ の2次式を

$$a_n = sn^2 + tn + u \tag{2.7}$$

としましょう. そうすると隣接項との差は

$$\begin{aligned}
a_{n+1} - a_n &= s(n+1)^2 + t(n+1) + u \\
&\quad - sn^2 \qquad - tn \qquad - u \\
&= s(2n+1) + t \\
&= 2sn + (s+t) \tag{2.8}
\end{aligned}$$

となります. 右辺の $(s+t)$ は定数ですから, 右辺の $n$ に公差 $d$ の等差数列をつぎつぎに代入すれば, 公差が $2sd$ の等差数列が生まれるにちがいありません. したがって, 隣接項との差 $a_{n+1} - a_n$ は, 等差数列になることが証明できました.

それなら……と, さらに欲が出てきます. 3次式の $n$ に等差数列をつぎつぎに代入して誕生した数列は, どのような性質を持つでしょうか.

数列を作り出すための $n$ の3次式を

$$a_n = sn^3 + tn^2 + un + v \tag{2.9}$$

として隣接項との差を調べてみてください.

$$\begin{aligned}
a_{n+1} - an &= s(n+1)^3 + t(n+1)^2 + u(n+1) + v \\
&\quad - sn^3 \qquad - tn^2 \qquad - un \qquad - v \\
&= s(3n^2 + 3n + 1) + t(2n+1) + u \\
&= 3sn^2 + (3s+2t)n + (s+t+u) \tag{2.10}
\end{aligned}$$

　この右辺は，明らかに $n$ の 2 次式です．ですから，この $n$ に等差数列を代入すれば，$a_{n+1}-a_n$ の数列の隣接項との差が等差数列になるはずです．つまり，3 次式から作られた数列の隣接項どうしの差を表わす数列について，もういちど隣接項どうしの差をとってみると，それが等差数列になっているというわけです．

　論より証拠，実例で試してみましょうか．たとえば

$$a_n = n^3 - 4n^2 -n+1$$

として，$n$ に 1, 2, 3, ……を代入すると

　　　$-3$, $-9$, $-11$,

　　　$-3$, 21, 67, 141,

　　　249, ……

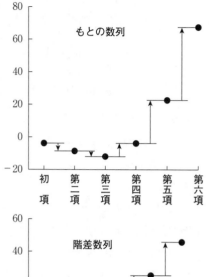

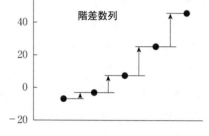

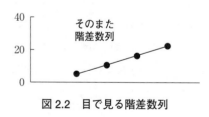

**図 2.2　目で見る階差数列**

という数列が誕生するのですが，この数列の隣接項どうしの差を数列に並べ，さらにその隣接項どうしの差を調べてみると

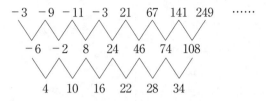

という等差数列が現われてきます.

　実は,数列の隣接項どうしの差で作った数列,つまりもとの数列が

$$a_1,\ a_2,\ \cdots\cdots,\ a_n,\ \cdots\cdots$$

であるとき

$$a_2-a_1,\ a_3-a_2,\ \cdots\cdots,\ a_{n+1}-a_n,\ \cdots\cdots$$

を**階差数列**といいます.この用語を使うと,$n$ の2次式から作られた数列の階差数列は等差数列になり,$n$ の3次式から作られた数列の階差数列のそのまた階差数列が,等差数列になるということになります.そして同様に,4次式から誕生した数列では,その階差数列の階差数列そのまた階差数列が等差数列になりますし,$n$ の5次式から生まれた数列では,……もう,くどくどと書く必要はないでしょう.

　こういうわけですから,たとえば

　　　0, 5, 20, 51, 104, 185, ☐　　　　　　(数列C)

の ☐ の中はなにか,という質問に対しては

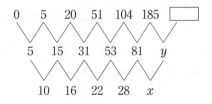

とつぎつぎに階差数列を作って, 2 段階めの階差数列が公差 6 の等差数列になることを発見し, そうすると, $x$ は 28 に 6 を加えた 34 でなければならず, $y$ は 81 に 34 を加えた 115 であるに相違なく, したがって　□□□□　の中は, 185 に 115 を加えた 300 であると見やぶることができます.

　さらに, (数列 C)の一般項を求めたいなら, 2 段階めの階差数列が等差数列なのですから, (数列 C)は $n$ の 3 次式にちがいないと推理し, その 3 次式を

$$a_n = sn^3 + tn^2 + un + v$$

とおいてみます. ここでは, $s$, $t$, $u$, $v$ が未知数ですから, それらを求めるためには 4 つの方程式が必要です. 幸い, $n$ が 1 のとき $a_n$ は 0, $n$ が 2 のとき $a_n$ は 5, $n$ が 3 のとき $a_n$ は 20, $n$ が 4 のとき $a_n$ は 51 であることが利用できますから, 4 つの方程式はすぐに作れます.

$$\left.\begin{aligned}
s + t + u + v &= 0 \\
8s + 4t + 2u + v &= 5 \\
27s + 9t + 3u + v &= 20 \\
64s + 16t + 4u + v &= 51
\end{aligned}\right\} \quad (2.11)$$

あとは, これらを連立して解くだけです*. 解いてみると

$$s = 1, \ t = -1, \ u = 1, \ v = -1$$

が得られます. つまり, (数列 C)を生み出していた $n$ の 3 次式は

---

* 1 次の連立方程式ですから解くのはなんでもないように思えますが, 実行してみると思ったより手数がかかります. 未知数の多い 1 次の連立方程式は行列式を使って解くのがもっとも簡単です. 『行列とベクトルのはなし【改訂版】』をどうぞ.

$$a_n = n^3 - n^2 + n - 1$$

でありました．この $n$ に 1，2，3，……を代入していくと（数列 C）
が誕生することを確認していただければ幸いです．

最後に，等差数列そのものは $n$ の 1 次式から誕生していること
を付記して，この節を終わりにしましょう．


## 柳の下にどじょうがいるとは限らない

与えられた数列の，なん段階めかの階差数列が等差数列であるこ
とさえ発見すれば，もとの数列がなん次式から誕生したものである
かを直ちに見やぶることができ，与えられた数列にいくらでも項を
追加できるばかりか，一般項さえも求めることができるというので
すから，数列の規則性については怖いものはなにもない……と安心
したいところですが，そうは問屋が卸しません．

なにしろ，なんらかの規則に従って並んでいる数の列はすべて数
列の仲間ですし，数列を作り出す規則は $n$ の有理整式\* で表わされ
るものばかりとは限らないからです．早い話が，等差数列と並んで
数列の代表格である等比数列の場合には，階差数列もまた等比数列
になってしまい，つぎつぎに階差数列を作っていっても，決して等
差数列は現われないのです．たとえば

---

\* $sn^3 + tn^2 + un + v$ のように，$n$ についての分数関数，無理関数，超越関
　数などを含まない式を有理整式といいます．詳しくは『方程式のはなし【改訂
　版】』54 ページあたりに説明してあります．

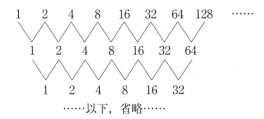

……以下，省略……

というあんばいです．その証明は，つぎのとおりです．

$$a_1,\ a_2,\ a_3,\ \cdots\cdots,\ a_n,\ \cdots\cdots$$

から作った階差数列を

$$b_1,\ b_2,\ b_3,\ \cdots\cdots,\ b_n,\ \cdots\cdots$$

とすれば

$$b_n = a_{n+1} - a_n \tag{2.12}$$

$$b_{n+1} = a_{n+2} - a_{n+1} \tag{2.13}$$

です．いっぽう，公比を $r$ とすれば

$$a_{n+1} = a_n r,\ a_{n+2} = a_n r^2$$

ですから

$$b_n = a_n r - a_n = a_n(r-1) \tag{2.14}$$

$$b_{n+1} = a_n r^2 - a_n r = a_n(r-1)r \tag{2.15}$$

となります．みてください，$b_{n+1}$ と $b_n$ との比は $r$ ではありませんか．つまり，公比 $r$ の等比数列から作った階差数列は，やはり公比 $r$ の等比数列なのです．

　ついでですから，もうひとつ……．

$$1,\ -1,\ 1,\ -1,\ 1,\ -1,\ 1,\ \cdots\cdots \qquad (数列 D)$$

ひとを小ばかにしたようなこの数列を見てください．これは，1 と −1 とが交互に並ぶという規則性がありますから，りっぱな数列で

す．少し数学らしい目でとらえるなら，公比が−1の等比数列です．たしかに，（数列D）から階差数列を作ると

$$-2,\ 2,\ -2,\ 2,\ -2,\ 2,\ \cdots\cdots$$

となり，もういちど階差数列を作れば

$$-4,\ 4,\ -4,\ 4,\ -4,\ 4,\ \cdots\cdots$$

というぐあいに，いずれも公比が−1の等比数列になっています．

'早い話'に1ページ以上も費やしてしまいました．数列を律する規則は $n$ の有理整式で表わされるものばかりとは限らない，という証拠のひとつとして等比数列を挙げたのでしたっけ．

証拠は等比数列ばかりではありません．たとえば

$$1,\ \frac{1}{2},\ \frac{1}{3},\ \cdots\cdots,\ \frac{1}{n},\ \cdots\cdots \qquad (数列E)$$

はどうでしょうか．これも一定の規則にしたがって並んでいるので数列にちがいありませんが，いくら階差数列を作っていっても，いっこうに等差数列が現われる気配はありません．階差数列を作っていって等差数列が現われればしめたものですが，いつでも柳の下にどじょうがいるとは限らないのです．

なお，（数列E）の逆数でできる数列は

$$1,\ 2,\ 3,\ \cdots\cdots,\ n,\ \cdots\cdots$$

という等差数列です．このように，逆数を並べたとき等差数列になるような数列，つまり

$$\frac{1}{a},\ \frac{1}{a+d},\ \frac{1}{a+2d},\ \cdots\cdots,\ \frac{1}{a+nd},\ \cdots\cdots$$

で表わされる数列は**調和数列**と呼ばれています．楽器の弦の長さを調和数列に並べると，それらから出る音がよく調和するからだそう

です.

　ついでですから，もうひとつ奇妙な数列をご紹介しておこうと思います. つぎの数列をごらんください.

　　　　　1,　6,　15,　20,　15,　6,　1　　　　　　　　（数列 F）

中央に配置された 20 を中心として，左右対称に 7 個の数字が並んでいます. この数列は

$$a_{r+1} = {}_6C_r \quad (r = 0,\ 1,\ 2,\ \cdots\cdots,\ 6) \tag{2.16}$$

という規則にしたがって作られたものです. 同様に

$$a_{r+1} = {}_7C_r \quad (r = 0,\ 1,\ 2,\ \cdots\cdots,\ 7) \tag{2.17}$$

とすれば

　　　　　1,　7,　21,　35,　35,　21,　7,　1　　　　　（数列 G）

という数列が現われます. これらの数字は**二項係数**と呼ばれる値なので，これらの数列を二項数列と名づけてもいいのではないかと勝手に思ったりしています. 二項係数にはおもしろい性質があるとともに，実用上の価値が大きい重要な数列です. 詳しくは第 5 章まで待っていただきたいのですが，それにしても，ずいぶん風変りな数列もあるものです.


## たくさんの正解に泣く

　しごく簡単なクイズを進呈しましょう. つぎの数列に続く 5 番めの値はいくらですか.

　　　　　2,　3,　5,　8,　?　　　　　　　　　　　　（数列 H）

階差数列を調べてみると，1, 2, 3, だから，? の値は 8 に 4 を加えた ‘12’ ……とお答えになった方は，いくらか思慮が不足してい

ます．数列のはなしがここまで進んできたいま，そんなに単純な
クイズを出すわけがないではありませんか．実は，？の正解は 13
なのです．2，3，5，8 に続いて 13 などが現われるはずがないでは
ないか，どうしても 13 だといい張るならその理由を示せと，おっ
しゃるかもわかりません．理由はつぎのとおりです．（数列 H）は，
初項を 2，第 2 項を 3 と決めて，あとは前の 2 項の和をつぎつぎに
書き連ねて作ったものです．だから 8 のつぎは 5 + 8 で 13 なのです．

　そんなばかな，と立腹されるに決まっています．2，3，5，8 の
つぎに 13 がくるという規則性もあるかもしれないけれど，12 がく
る規則性だってあるのだから，13 だけが正解だとはとても了承で
きないと立腹されるはずです．まさに，そのとおりです．なんらか
の規則にしたがって並んでいる数の列はすべて数列なのですから，
8 のつぎは 12 でも 13 でも正解にちがいありません．

　そればかりか，初項を 2，第 2 項を 3 と決め，第 $n$ 項を

$$a_n = a_{n-1} \cdot a_{n-2} - \{1 + 6(n-3)\} \tag{2.18}$$

とすれば，？のところは 27 になるし，また，初項を 2，第 2 項を 3，第 3 項を 5 と決めたうえで第 $n$ 項に

$$a_n = a_{n-1} + a_{n-2} + a_{n-3} - 2 \tag{2.19}$$

という規則を採用すると？は 14 になるというぐあいに，？のところにはほとんど無数といっていいくらいの数字があてはまります．

こういうわけですから，階差数列を調べることは数列の規則性を発見するための重要な捜査法のひとつであることは確かなのですが，努力の甲斐があって，もとの数列が $n$ の有理整式から誕生していることを突きとめたとしても，それで数列の規則性を完全に見やぶったとはいえないことを肝に銘じておかなければなりません．あくまでもそれは正解のひとつにすぎないのです．

したがって

2, 3, 5, 8, ⬜

の ⬜ に数字を入れよという数列の問題は，数学的にいうとまったく無意味です．学校の試験にもよくこの手の問題が出されていたことがあって，⬜ の中にどのような数字を入れた解答であっても，それを誤りと判定することはできないだろうにと陰ながら心配で仕方がなかったものです．これが，「つぎの数列はどのような規則で並んでいるかを言え．その規則にしたがうものとすると ⬜ はいくらか」という形で出題し，規則性をひとつでも見やぶっていれば正解とするようになったので，これなら安心していられます．

いまの例の中に，数列の値が前の 2 項の和で決まるような規則，つまり

$$a_n = a_{n-1} + a_{n-2}$$

を紹介しました．初項と第2項を1とし，第3項以降，この規則に
したがう数列は

$$1, \ 1, \ 2, \ 3, \ 5, \ 8, \ 13, \ 21, \ \cdots\cdots$$

となります．この数列は**フィボナッチ数列**と呼ばれ，名前もリズミ
カルで調子がいいし，そのうえ，いろいろなおもしろい性質を持っ
ています．それについては，第5章に書くつもりですから，しばら
くお待ちください．


## 等比数列を加算すると

　この章のはじめのところで，曾呂利新左衛門が，きょうは米を1
粒，あすは2粒，そのつぎの日は4粒というように毎日倍々ともも
らっていくと，丸一年が終わる最後の日には

$$2^{364} \ 粒$$

だけもらうかんじょうになり，これだけの米粒は私たちの想像を絶
するほどの量であると書きました．最後の一日にもらう米の量でも
これほどの量ですから，第1日めの1粒から1年間にもらった米粒
を総計したら，もっとどえらい量になると思うのですが，さて，1
年間にもらう米粒の総計はいくらでしょうか．数学的にいうなら

$$S = 1 + 2 + 2^2 + 2^3 + \cdots\cdots + 2^{364}$$

はいくらになるでしょうか．

　なんだか，ひどくむずかしそうです．ばか正直に

$$1 + 2 + 4 + 8 + 16 + 32 + 64 + \cdots\cdots$$

と，365項を加え合わせるのは，言うは易く実行は不可能に近いと
思われます．前にも書いたように

$$2^{364} \fallingdotseq 4 \times 10^{109}$$

ですから，足し算の最後のほうでは 100 桁以上の数字をつぎつぎと加え合わせていくことになり，ミスを犯すことなく作業を完遂する自信などとてもありません．なにかよい知恵はないものでしょうか.

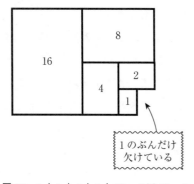

1 のぶんだけ欠けている

**図 2.3　1＋2＋4＋8＋16＝2×16－1**

　実は，答えはいとも簡単で

$$1+2+2^2+2^3+\cdots\cdots+2^{364}=2^{365}-1$$

になります．その理由については図 2.3 を見てください*．図は

$$1+2+4+8+16$$

を求めているところです．16 までの総和は 16 の 2 倍より 1 だけ少ないことがわかります．同様に 32 までの合計は，32 の 2 倍より 1 だけ小さく，64 までの合計は 64 の 2 倍より 1 だけ小さく……，ですから

$$1+2+2^2+2^3+\cdots\cdots+2^{364}=2\times2^{364}-1=2^{365}-1$$

になります．新左衛門が 1 年間にもらった米粒の総計は，最後の 1 日にもらった米粒の 2 倍から，1 粒だけ減らした量なのです．最後の日の前日まで 364 日もらい続けた総計が，最後の 1 日にもらう量より 1 粒だけ少ないというのは，私たちの直感にやや背く感じがな

---

＊　図 2.3 の長方形は縦と横の比が $\sqrt{2}$ にしてあります．そうすると，それを 2 分割してできる長方形も，またそれを 2 分割してできる長方形も，縦と横の比が $\sqrt{2}$ で，もとの長方形と相似になります．詳しくは『方程式のはなし【改訂版】』89 ページあたりをどうぞ.

いでもありません.

初項1, 公比2の等比数列では初項から $n$ 項までの合計が

$$S = 2^n - 1 \tag{2.20}$$

であることがわかりました. それでは, 初項が $a$ で公比が $r$ の等比数列の初項から, 第 $n$ 項までを合計するといくらになるでしょうか. こんどは, 長方形の図を描いて答えを見つけるわけにはいきません. いやでも, 数式のお世話にならなければなりません. けれども, たいしてむずかしくありませんから, ご安心のほどを……

初項が $a$, 公比が $r$ である等比数列の第 $n$ 項までの合計は

$$S = a + ar + ar^2 + \cdots\cdots + ar^{n-2} + ar^{n-1} \tag{2.21}$$

で表わされますが, ここでちょっとした手品をお目にかけます. この式の両辺に $r$ をかけます.

$$rS = ar + ar^2 + ar^3 + \cdots\cdots + ar^{n-1} + ar^n \tag{2.22}$$

そして, 式(2.21)から式(2.22)をそっくり引き算します.

$$S - rS = a - ar^n \tag{2.23}$$

あーら不思議, $n$ 項もあった右辺がたった2項を除いてみんな消滅してしまったではありませんか. あとは式(2.23)を変形して

$$\boxed{S = a\frac{1-r^n}{1-r}} \tag{2.24}$$

を得るのになんの苦労もいりません.

これは, 等比数列の和の公式として有名です. たとえば, くだんの米粒の場合は, $a$ が1, $r$ が2, $n$ が365ですから

$$S = 1 \times \frac{1-2^{365}}{1-2} = \frac{2^{365}-1}{2-1} = 2^{365} - 1$$

という次第です.

なお，この公式(2.24)を使うとき，$r$ が 1 だったらどうなるのだろうかと気になります．$r$ が 1 のときには右辺の分母がゼロになるし，ゼロで割るという操作は第 4 章にも書くつもりですが，数学では許されない不届きな行為なので，困ってしまいます．けれども，冷静に考えてみると，公比が 1 である数列は同じ値がずらりと並んでいるにすぎませんから，第 $n$ 項までの合計は $na$ であることがわかり，ほっとするのです．

## 等差数列を加算すると

順序が逆になってしまったようです．比よりは差のほうがやさしい概念ですから，等比数列の和より先に，等差数列の和を調べておくのが順序というものでした．

初項が $a$，公差が $d$ である等差数列の第 $n$ 項までの合計は

$$S = a + (a+d) + \cdots\cdots + \{a + (n-2)d\} + \{a + (n-1)d\}$$

(2.25)

です．ここでもちょっとした手品をやりましょう．ただし，同じ種を 2 回も使うようではバカにされますから，前ページとは異なる種を使います．

右辺の項を順序を逆にしてこの式を書き直すと

$$S = \{a + (n-1)d\} + \{a + (n-2)d\} + \cdots\cdots + (a+d) + a$$

(2.25 もどき)

となりますから，この両式をこんどはいっせいに加え合わせます．つまり，式(2.25)の初項，第 2 項，第 3 項，……を式(2.25 もどき)の初項，第 2 項，第 3 項，……どうしと，パートナーを間違えない

ように加え合わせていくのです．そうすると

$$2S = \{2a + (n-1)d\} + \{2a + (n-1)d\}$$
$$+ \cdots\cdots + \{2a + (n-1)d\} \tag{2.26}$$

となって，右辺には $\{2a + (n-1)d\}$ が $n$ 個並ぶことになります．
したがって

$$2S = n\{2a + (n-1)d\}$$

$$\therefore \quad \boxed{S = \frac{n}{2}\{2a + (n-1)d\}} \tag{2.27}$$

が得られます．

　これは，等差数列の和の公式としてよく知られていて，よく利用
もされます．けれども，この公式は少しごちゃごちゃしています．
たかが等差数列のくせに，等比数列よりむずかしそうな顔をしてい
るのは，なまいきではありませんか．そこで，この数式の意味を図
で見ておこうと思います．

　図 2.4 が等差数列の和の意味あいを図示したものです．うすずみ

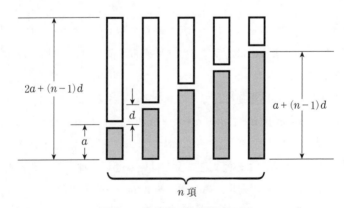

**図 2.4　目で見る等差数列の和**

を塗ったところが与えられた等差数列です．初項 $a$ から $d$ ずつ大きくなりながら $n$ 個の値が並んでいますが，$n$ 項めの値は，$a$ に $d$ が $(n-1)$ 回だけ加算されていますから，$a + (n-1)d$ です．私たちは $a$ から始まって $a + (n-1)d$ までの $n$ 項の合計を求めたいのですが，そのためには，数列の順序を逆にして加え合わせ，図のような長方形を作って合計し，最後に半分に割ってやるのが近道です．というわけで，図の縦の長さ $\{2a + (n-1)d\}$ に項の数 $n$ をかけ合わせて 2 で割ると，式(2.27)になります．これが，等差数列の和の公式(2.27)が物語っている現象的な意味です．

　等差数列の中でも，とくに基本的なのは

　　　　1, 2, 3, ……, $n$, ……

ですが，この数列の最初の $n$ 項を合計するといくらになるでしょうか．わけはありません．式(2.27)の $a$ と $d$ に 1 を代入して整理すれば

$$1+2+3+\cdots+n = \frac{1}{2}n(n+1) \tag{2.28}$$

が得られ，これが答えです．

　ここで，クイズをひとつ……．$1+2+\cdots+100$ を暗算で即答してください，猶予は，そうですね，20秒としましょう．

　念のために，この式の意味を図示したのが図2.5で，〇の合計を求めるために図2.4のときと同じ手順を

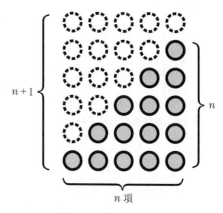

**図 2.5　目で見る三角数**

踏んでいるところです. ⬤が三角形に並んでいるので

$$\frac{1}{2}\,n(n+1)$$

を**三角数**と呼ぶことがあります.

　三角形に並んでいるくらいなら, 三角形の面積は底辺×高さ÷2だし, 図の三角形の底辺は $n$, 高さも $n$ だから

$$1+2+3+\cdots\cdots+n = n^2/2$$

となりそうなものだと思う方がおられるかもしれません. けれども, 図をよく見てください. 底辺が $n$, 高さが $n$ の正方形を作って右上から左下への対角線で2等分すると, その対角線上に並んだ $n$ 項の⬤が, 半分ずつ切り捨てられることに気がつき, この考えの誤りがわかりますから.

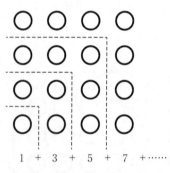

図 2.6　奇数数列 $n$ 項の和は $n^2$

　○をたくさん並べたついでに

$$\underbrace{1+3+5+\cdots\cdots+k}_{n\text{ 項}} = n^2 \tag{2.29}$$

を図 2.6 で証明しておきました. 等差数列の和の公式 (2.27) からも, この式がすぐに作れることを各人で確認しておいてください. ちっともむずかしくありませんから…….

## なし崩しの証明法

　1年間にもらうはずだった米粒の総数をきっかけに, いくつかの

数列の和を求めてきました．等差数列では一般式を求めたほか，具体例として

$$1+2+3+\cdots\cdots+n = n(n+1)/2 \qquad\qquad \text{(2.28) と同じ}$$

$$1+3+5+\cdots\cdots+(\text{第 } n \text{ 項}) = n^2 \qquad\qquad \text{(2.29) と同じ}$$

などを求めましたし，等比数列でも一般式を導いたので

$$1+2+2^2+2^3+\cdots\cdots+2^{n-1}=2^n-1 \qquad\qquad \text{(2.20) もどき}$$

などが明らかになりました．

つづいてこの節では，これらとよく似たスタイルの

$$1^2+2^2+3^2+\cdots\cdots+n^2 = S \qquad\qquad (2.30)$$

を求めてみようと思います．いろいろな現実問題の解決に数学を利用しようというとき，まま遭遇する数列だからです*．この数列の和は，たいていの公式集に載っていますから，答えをご存知の方も少なくないかもしれませんが，ここではまったく白紙の状態から答えを探し出して，発見の楽しさを満喫することにしましょう．

とはいうものの，これはなかなかの難問です．答えを示唆してくれそうな図形も見当たらないし，等差数列の和の公式を作り出したときのように項の順序を逆転させてみてもうまくいかないし……．仕方がないから，項の数 $n$ が小さいときの数列の和を計算してみて，なんらかの手掛りをつかんでみましょう．

$$n = 1\text{ なら} \qquad 1^2 = 1$$

$$n = 2\text{ なら} \qquad 1^2 + 2^2 = 5$$

$$n = 3\text{ なら} \qquad 1^2 + 2^2 + 3^2 = 14$$

$$n = 4\text{ なら} \qquad 1^2 + 2^2 + 3^2 + 4^2 = 30$$

---

\* たとえば，『統計解析のはなし【改訂版】』204 ページなど．

$$n = 5 \text{ なら} \qquad 1^2 + 2^2 + 3^2 + 4^2 + 5^2 = 55$$

$$n = 6 \text{ なら} \qquad 1^2 + 2^2 + 3^2 + 4^2 + 5^2 + 6^2 = 91$$

こうしてみると，$n$ の増加につれて

$$1, \ 5, \ 14, \ 30, \ 55, \ 91, \ \cdots\cdots$$

という数列が現われますから，この第 $n$ 項を表わす式を見出せば，それが私たちの答えになるはずです．

　さて，1，5，14，30，……と続くこの数列が，どのような規則にしたがってできているかを探知するために，階差数列を作ってみます．

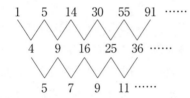

ややっ，2段階めの階差数列に等差数列が現われたではありませんか．さては，私たちの数列は $n$ の3次式から誕生した疑いが濃厚です．で，27ページで経験したように

$$a_n = sn^3 + tn^2 + un + v$$

とおき，$n$ が1のとき $a_n$ は1，$n$ が2のときには5，$n$ が3なら14，$n$ が4なら30を代入して4つの方程式

$$s + \ \ t + \ \ u + v = \ \ 1$$

$$8s + \ 4t + \ 2u + v = \ \ 5$$

$$27s + \ 9t + \ 3u + v = 14$$

$$64s + 16t + \ 4u + v = 30$$

を作り，これらを連立して解けば

$$s = \frac{1}{3}, \quad t = \frac{1}{2}, \quad u = \frac{1}{6}, \quad v = 0$$

が求まります. したがって, 私たちの数列の第 $n$ 項, つまり, 私たちが探し求めている答えは

$$\frac{1}{3} n^3 + \frac{1}{2} n^2 + \frac{1}{6} n = \frac{1}{6} n(n+1)(2n+1) \qquad (2.31)$$

である疑いが濃厚です. けれども, これで

$$1^2 + 2^2 + 3^2 + \cdots\cdots + n^2 = \frac{1}{6} n(n+1)(2n+1) \qquad (2.32)$$

であると決めてしまうわけにはいきません. 32 ページあたりでくどいほど述べたように, 1, 5, 14, 30, 55, 91 という 6 項の数列は, 式(2.31)とは異なる別の規則によって作られているのに, たまたま最初の 6 項までが, 式(2.31)から作られた数列と偶然に一致しているのかもしれないからです. この数列が式(2.31)から作り出されていて, したがって, 式(2.32)が成立すると断定するには, 式(2.32)が成立することを積極的に証明してやらなければなりません. で, その証明にかかります.

それには**数学的帰納法**といわれる手口を使います. まず, $n$ が 1 のときに式(2.32)が成立することを確かめます. つづいて, $n$ が一般的な値 $k$ のときに式(2.32)が成立すると仮定して, $k + 1$ のときにも式(2.32)が成立することを確認します. そうすると, $n$ が 1 のときに式(2.32)が成り立つから, $n$ が 2 のときにも成り立つし, $n$ が 2 のときも成立するから, $n$ が 3 のときにも成立するし, $n$ が 3 のときに OK だから, $n$ が 4 のときにも OK だし, それなら 5 のときにも OK なはず, というぐあいに, どんどんどこまでも限りなく

OK が続いていきますから，これで式(2.32)は完全に証明されたことになります．このような証明法を数学的帰納法というのですが，乙な味わいのある証明法ではありませんか．

では

$$1^2 + 2^2 + 3^2 + \cdots + n^2 = \frac{1}{6}\, n(n+1)(2n+1) \quad (2.32) と同じ$$

の証明をはじめます．まず，$n = 1$ のときには

$$\frac{1}{6} \times 1(1+1)(2 \times 1 + 1) = 1 = 1^2$$

ですから，式(2.32)は間違いなく成立しています．つぎに

$$1^2 + 2^2 + 3^2 + \cdots\cdots + k^2 = \frac{1}{6}\, k(k+1)(2k+1) \qquad (2.33)$$

であると仮定して，$n = k+1$ のときどうなるかを調べます．

$$1^2 + 2^2 + 3^2 + \cdots\cdots + k^2 + (k+1)^2$$

$$= \frac{1}{6}\, k(k+1)(2k+1) + (k+1)^2$$

$$= \frac{1}{6}(k+1)\{k(2k+1) + 6(k+1)\}$$

$$= \frac{1}{6}(k+1)(2k^2 + 7k + 6)$$

$$= \frac{1}{6}(k+1)(k+2)(2k+3)$$

$$= \frac{1}{6}(k+1)\{(k+1)+1\}\{2(k+1)+1\} \qquad (2.34)$$

いくらか目がちらつきますが，$k+1$ の代りに $n$ と書いてみてくだ

さい.

$$1^2 + 2^2 + 3^2 + \cdots + n^2 = \frac{1}{6} n(n+1)(2n+1)$$

となって，式(2.32)が成立しているではありませんか．これで式(2.32)の証明は終わりです．

3ページも費やしてしまいましたが，これでこの節で採り上げた

$$1^2 + 2^2 + 3^2 + \cdots\cdots + n^2 = S \qquad\qquad \text{(2.30)と同じ}$$

が求まりました．ごくろうさん……．

ついでですから

$$1 + 3 + 5 + \cdots\cdots + (第 n 項) = n^2 \qquad\qquad \text{(2.29)と同じ}$$

つまり

$$1 + 3 + 5 + \cdots\cdots + (2n-1) = n^2 \qquad\qquad \text{(2.29)もどき}$$

を数学的帰納法で証明してみてください．すぐにできるはずです．

実は，数学的帰納法は数列の和の証明に絶大な偉力を発揮します．なんといっても，数列は初項から第2項，第3項，……と，とびとびの値が順に並んでいるのですから，$n$ が1のときに式が成立することからスタートして，次々となし崩しに証明していく数学的帰納法とひどく相性がいいのは，考えてみれば当然のことかもしれません．


## 無限の彼方になにが待つ

前節では

$$1^2 + 2^2 + 3^2 + \cdots\cdots + n^2 = S \qquad\qquad \text{(2.30)と同じ}$$

という数列の和について調べたので，この節では，その親戚筋にあ

たる

$$\frac{1}{1^2} + \frac{1}{2^2} + \frac{1}{3^2} + \cdots\cdots + \frac{1}{n^2} = S \tag{2.35}$$

を吟味しようと思いたちました．なぜこのようなやっかいなことを思いたつのかというと，つぎのとおりです．

　式(2.30)で表わされる数列の和は，$n$ が大きくなるにつれて，1，5，14，30，55，91，……と急速に増大し，ついには爆発的ともいえる勢いで増大しますから，$n$ が無限に大きくなっていけば，$S$ は文句なく無限の大きさになるにちがいありません．

　これに対して，式(2.35)のほうはどうでしょうか．$n$ が大きくなるにつれて加え合わされる項の数は増加の一途を辿ります．加え合わされる項はすべて正の値ですから，$n$ 項の合計 $S$ も，増加の一途を辿ることは間違いありません．けれども，つぎつぎに加え合わされていく項の値は，$n$ の増加につれて急速に小さくなりますから，たくさんの項が追加されても，追加される値は微々たるものです．

　そうすると，$n$ をどんどんと無限に大きくしていったとき，$S$ の値はどうなるのでしょうか．増加の一途を辿ることは間違いないのですから，やはり無限の大きさになっていくのでしょうか．それとも，追加される項の値は微々たるものですから，$S$ の増大は遅々として進まず，$n$ が無限の大きさになったとしても，$S$ は有限のある値を決して越すことができないのでしょうか．

　ここに，式(2.30)と式(2.35)の間に決定的な差異があり，親戚どうしのような形をしていても，実は水と油のように相容れない本質を備えているかもしれないと気になったのが，やっかいなことを思いたった動機です．

さて，式(2.35)の $S$ を求めたいのですが，これは思った以上に
やっかいです．ひとすじ縄でもふたすじ縄でもうまくいきません．
これには，往生してしまいます．そこで直接 $S$ を求めるのは断念
して

$$\frac{1}{1^2} + \frac{1}{2^2} + \frac{1}{3^2} + \cdots\cdots + \frac{1}{n^2} \quad と \quad 2 - \frac{1}{n}$$

の大きさを比較してみようと思います．なぜ，$2 - \frac{1}{n}$ などという値が
突如として現われたのかというと，試行錯誤の結果として発見した
のでも，インスピレーションがひらめいたのでもなく，先人の知恵
をそっと利用したからです．そういってしまっては身も蓋もないの
で，$n$ をだんだん増やしながら $S$ の値を計算してみたところ，表2.1
のように $n$ が 1 のときを除いていつも $2 - \frac{1}{n}$ より小さく，$2 - \frac{1}{n}$ は
$n$ がいくら大きくなっても 2 より小さいことに気づき，ひょっとし
て $S$ が $2 - \frac{1}{n}$ より小さいこと
が証明できれば，$S$ は決して 2
を越さないことが確認できるに
ちがいないと睨んだからだとし
ておいてください．
　こういういきさつなので，私
たちは $n$ が 1 より大きいとき

**表 2.1　$S$ を睨むために**

| $n$ | $S$ | $2 - \dfrac{1}{n}$ |
|---|---|---|
| 1 | 1.0000 | 1.0000 |
| 2 | 1.2500 | 1.5000 |
| 3 | 1.3611 | 1.6667 |
| 4 | 1.4236 | 1.7500 |
| 5 | 1.4636 | 1.8000 |
| 6 | 1.4914 | 1.8333 |
| 7 | 1.5118 | 1.8571 |
| 8 | 1.5274 | 1.8750 |

$$\frac{1}{1^2} + \frac{1}{2^2} + \frac{1}{3^2} + \cdots\cdots + \frac{1}{n^2} < 2 - \frac{1}{n} \tag{2.36}$$

が成立することを証明するはめになりました．前節と同じように数学的帰納法を利用して挑戦してみましょう．

まず，$n$ が 2 のときです．

$$左辺 = \frac{1}{1^2} + \frac{1}{2^2} = \frac{5}{4}$$

$$右辺 = 2 - \frac{1}{2} = \frac{6}{4}$$

ですから，確かに

左辺＜右辺

が成立しています．つぎに

$$\frac{1}{1^2} + \frac{1}{2^2} + \frac{1}{3^2} + \cdots\cdots + \frac{1}{k^2} < 2 - \frac{1}{k} \tag{2.37}$$

であると仮定します．そうすると，両辺に同じものを加えた

$$\frac{1}{1^2} + \frac{1}{2^2} + \frac{1}{3^2} + \cdots\cdots + \frac{1}{k^2} + \frac{1}{(k+1)^2} < 2 - \frac{1}{k} + \frac{1}{(k+1)^2}$$

$$\tag{2.38}$$

も成立すると仮定していることになります．私たちはこの仮定のもとに

$$\frac{1}{1^2} + \frac{1}{2^2} + \frac{1}{3^2} + \cdots\cdots + \frac{1}{k^2} + \frac{1}{(k+1)^2} < 2 - \frac{1}{k+1}$$

$$\tag{2.39}$$

を証明しようと意気込んでいるわけです．うまいぐあいに，式 (2.38) の左辺と式 (2.39) の左辺とはぴったり同じです．そこで，式

(2.38)の右辺と式(2.39)の右辺との大小を比較してみましょう．式
(2.38)は成立するものと決めているのですから，もし，式(2.39)の
右辺のほうが式(2.38)の右辺より大きいなら，式(2.39)が成立する
ことが明らかだからです＊．で，式(2.39)の右辺から式(2.38)の右辺
を引いた値

$$\left\{2-\frac{1}{k+1}\right\}-\left\{2-\frac{1}{k}+\frac{1}{(k+1)^2}\right\}$$

が正か負かを調べてみます．正ならバンバンザイです．

$$=-\frac{1}{k+1}+\frac{1}{k}-\frac{1}{(k+1)^2}=\frac{-k(k+1)+(k+1)^2-k}{k(k+1)^2}$$

$$=\frac{-k^2-k+k^2+2k+1-k}{k(k+1)^2}=\frac{1}{k(k+1)^2}$$

　見てください．$k$ は 1，2，3，……という自然数ですから正の値，
$(k+1)^2$ ももちろん正，だから $k(k+1)^2$ も正ですし，その逆数も
正です．したがって

$$\left\{2-\frac{1}{k+1}\right\}-\left\{2-\frac{1}{k}+\frac{1}{(k+1)^2}\right\}=\frac{1}{k(k+1)^2}>0$$

バンバンザイです．こうして

$$\frac{1}{1^2}+\frac{1}{2^2}+\frac{1}{3^2}+\cdots\cdots+\frac{1}{k^2}+\frac{1}{(k+1)^2}<2-\frac{1}{k+1}$$

$$(2.39)\text{と同じ}$$

が成立することが立証されました．つまり，$n$ が2のときに式(2.36)
が成立し，$n$ が $k$ のときに同式が成立するとの仮定のもとに，$n$ が

---

＊　$A<B$ であって，$B<C$ なら，$A<C$ であることは明らかです．

$k+1$ のときにも同式が成立することが立証できたのですから，数学的帰納法の帰結として

$$\frac{1}{1^2}+\frac{1}{2^2}+\frac{1}{3^2}+\cdots\cdots+\frac{1}{n^2}< 2-\frac{1}{n} \qquad \text{(2.36)と同じ}$$

が見事に証明されたのです．

さて，この式の右辺を見ていただきましょう．$1/n$ は $n$ がどんどん大きくなると限りなくゼロに近づきます．けれども，絶対にゼロより小さくはなりませんから，右辺は 2 に限りなく近づきはしますが，しかし 2 より大きくなることはありません．したがって

$$\frac{1}{1^2}+\frac{1}{2^2}+\frac{1}{3^2}+\cdots\cdots+\frac{1}{n^2}= S \qquad \text{(2.35)と同じ}$$

は，$n$ がどんどん大きくなっても決して 2 を越すことはないのです．やはり

$$1^2+2^2+3^2+\cdots\cdots+n^2 = S \qquad \text{(2.30)と同じ}$$

とは姿だけは親戚筋のように見えましたが，本質的には月とスッポンの違いがありました．

この章では，数列の性質を調べるとともに，いくつかの数列について，初項から第 $n$ 項までの和を求めてみました．そうこうするうちに，$n$ をどんどんと限りなく大きくしたら……などと妙なことを口走りはじめました．けれども，数学では「限りなく大きくなった極限ではどうなるか」とか「限りなくゼロに近づけた極限では」などが，意外に重要な事実を物語ることが少なくありません．そのことについては，この本の前半でたびたび触れることになります．さっそく，次の章で話題を極限の方向に転じようと思います．

# 3. 発散か，収束か

## —— 級数のはなし ——

## もういちど，無限の彼方になにが待つ

　澄み切った大空めがけて真一文字にどんどんと進んでいったらどうなるでしょうか．酸素がなくなろうと温度が絶対ゼロ度に近づこうとお構いなしにどんどん行くのです．太陽系を離れ，銀河系を抜け出し，いくつもの星雲が車窓の風景のように流れ去っても，まだまだ無限の彼方まで真一文字に突進していきます．

　宇宙はものすごい勢いで膨張していて，とくに宇宙の縁のあたりは光と同じ速さで膨張しているし，光よりはやい速さは存在しないから，宇宙の縁には決して到達できないという説もありますが，そんなの関係ねぇ，とにかく，宇宙の膨張を軽く上回る速さで宇宙の縁を突き抜けてどんどん進んでいきましょう．きっとそこは，地球から無限といってもいいほどの遠さでしょう．しかし，無限というのはもっと先のことだから，まだ立ちどまらずに無限の彼方へと進んでいったら，いったいどうなっているのでしょうか．なんとも空想のしようもなさそうです．

　では，時間のほうはどうでしょうか．タイム・マシンの計器をも

うれつな速さで過去のほうへ設定するのです．自分の存在はもとより，人類も消え，いっさいの生物が姿を消し，とうとう地球も消滅してしまいますが，宇宙の空間にがんばったまま過去へと無限にさかのぼっていきましょう．たとえ宇宙が消滅してしまっても，決して無限の過去への進みを緩めてはなりません．さあ，いったい，どうなるのでしょうか．これも私たちの大脳皮質にとっては想像を絶する難問です．

　無限という概念は，このようにある面では極めて難解です．数学で使われる無限は，現実問題から分離してきれいな形に抽象化してあるので，人間の英知の根源ともいえる大脳皮質によればなんとか理解できそうです．それでも，無限どうしの間に大小の差別があるのだろうかとか，無限から無限を差し引いたらなにが残るのだろうかとか，常識ある社会人にとっても返答に窮するような珍問も少なくありません．

　けれども，世間並みの常識を持ち合わせていさえすれば，直感的に理解できそうな '無限' も決して少なくないので，ほっとします．たとえば，$x$ をどんどんと大きくして無限大にしたら，$x^2$ はどうなるでしょうか．$x$ がどんどん大きくなるにつれて，$x^2$ はそれにも増した勢いで大きくなるのですから，$x$ が無限大になれば，$x^2$ も無限大になると考えるのが世間並みの常識でしょう．

　数学の作法に従えば，これを

$$\lim_{x \to \infty} x^2 = \infty \tag{3.1}$$

と書いて表わします．lim は limit（極限）のことですし，$x \to \infty$ は $x$ を無限に大きくすることを示していますから，$\lim_{x \to \infty} x^2$ は $x$ を無限に

大きくした極限での $x^2$ の値を表わしています．

「$x$ を無限に大きくする」とか「極限」とかややこしいことを言わないで，もっと直截に「$x$ を無限大にしたときの $x^2$ の値」といい

$$x^2 (x = \infty)$$

とでも書いたらよいではないかとのご意見もあろうかと思います．世間並みの常識からいえば，この場合はそれでもよさそうですが，けれども，たとえば

$$\lim_{x \to 0} \frac{1}{x} = \infty \qquad (3.2)$$

のときなどに困ってしまいます．これを

$$\frac{1}{x}(x = 0) = \infty$$

と書き，$x$ をゼロとしたときの $1/x$ の値と考えるのは

$$\frac{1}{0} = \infty$$

という計算を容認したことになりますから，前にも書いたように，ゼロで割るという操作は数学では断じて許せない行為です．

それに，よしんば一歩ゆずってゼロで割る操作を許したとしても，ゼロで割れば無限大になるとは言いきれないふしもあります．そ

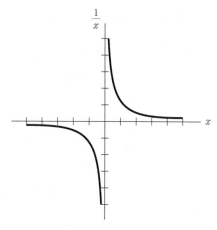

**図 3.1　ゼロで割れたとしても∞になるとは限らない**

のふしを図 3.1 に描いておきました．$x$ を正のほうからゼロに近づけると $1/x$ は∞の方向に伸びていきますが，いっぽう，$x$ を負のほうからゼロに近づけると $1/x$ は $-\infty$ の方向に伸びていくではありませんか．そうすると，ゼロで割った値は∞か $-\infty$ かである公算が大きく，∞であると決めてしまうには疑問が残ります．

こういうわけですから，世間並みの常識にとって多少は煩わしいのをがまんして，

$$\lim_{x \to \infty} x^2 = \infty, \ \lim_{x \to 0} \frac{1}{x} = \infty$$

と書く作法に従ってください．こう書けば，$\displaystyle\lim_{x \to 0} \frac{1}{x}$ は $x$ を正のほうからゼロに近づけたときの $1/x$ の極限の値であることが明瞭で，へんな間違いが起こりません．

## 常識で知る無限の彼方

にっくき数学も世間並みの常識で話がつくうちは苦になりませんから，その範囲内にある極限の値をいくつか見ていただこうと思います．

〔その 1〕　　$\displaystyle\lim_{n \to \infty} n^2 = \infty, \ \lim_{n \to \infty} n^3 = \infty$, etc.　　　　(3.3)

文字が $x$ から $n$ に変わっているところが神経にさわるかもしれませんが，それさえご容赦いただければ，式 (3.1) を借用して 2 乗経由で 3 乗のほうへ延長しただけのことですから，どうということはありません．

〔その 2〕　　$\displaystyle\lim_{n \to \infty} (n \pm C) = \infty, \ \lim_{n \to \infty} (n^2 \pm C) = \infty$, etc.　　(3.4)

$C$ は定数ですから，いくら大きくても無限大の値に対しては完全

に無視できる小者にすぎません．したがって，$C$ が加算されようと減算されようと結果にはなんの影響も及ぼしません．

〔その3〕　$\displaystyle\lim_{n\to\infty}\frac{1}{n}=0,\ \lim_{n\to\infty}\frac{1}{n^2}=0,$ etc.　　　(3.5)

分母がどんどんと限りなく大きくなれば，全体としては限りなくゼロに近づくことは当然ですから，$1/n$ や $1/n^2$ の極限の値はゼロに相違ありません．

〔その4〕　$\displaystyle\lim_{n\to\infty}\frac{1}{n\pm C}=0,\ \lim_{n\to\infty}\frac{1}{n^2\pm C}=0,$ etc.　　(3.6)

$C$ は定数ですから，いくら大きくても無限大の値に対しては完全に無視できる……と〔その2〕で述べた思想がここでも生きています．

〔その5〕　$\displaystyle\lim_{n\to\infty}\left(\frac{1}{n}\pm C\right)=\pm C,\ \lim_{n\to\infty}\left(\frac{1}{n^2}\pm C\right)=\pm C,$ etc.

$$(3.7)$$

$C$ は定数だから無限大の値に対しては完全に無視できる……と考えると，こんどはとんでもない間違いです．

$$\frac{1}{n}+C$$

という形をよく見てください．$n$ が無限大になれば第1項の $1/n$ だけがゼロになり，第2項の $C$ はなんの影響も受けずに健在のまま残ります．つまり，$C$ は無限大の中に埋もれてしまうのではなく，独立に存在することになるのです．

〔その6〕　$C>1$　のとき　$\displaystyle\lim_{n\to\infty}C^n=\infty$　　　(3.8)

1より大きい値をなんべんも，なんべんも，無限回数かけ合わせていけば，ついには無限の大きさになるのも，世間並みの常識で合

点できようというものです.

〔その7〕　　$0 < C < 1$　のとき　$\lim_{n \to \infty} C^n = 0$　　　　(3.9)

たとえば, 0.5 を 2 乗すれば 0.25, 3 乗すれば 0.125, 4 乗すれば 0.0625 というように, コンマ以下の値をかけ合わせるにつれて, だんだんとゼロに近づくことも, まあ, 世間並みの常識のうちでしょうか.

〔その8〕　　$C > 0$　のとき　$\lim_{n \to \infty} C^{\frac{1}{n}} = 1$　　　　(3.10)

これは, 世間並みの常識では合点できそうもありません. この節は, 世間並みの常識で話がつく範囲で極限の値をご紹介する約束だったので, それに違反することをお詫びしなければなりませんが, ぜひともお許しいただいて, 付き合ってもらいたいのです.

お許しいただけたら, 式の形を見てください. $n$ がどんどん大きくなると $1/n$ はゼロに近づきます. では, ある定数 $C$ のゼロ乗とは, どんな値でしょうか. ゼロ乗などという現象は通常の社会生活ではまず遭遇しませんから, 世間並みの常識では見当がつきません. そこで, $C$ が 0.5 と 2 と 10 の場合について, $n$ をどんどん大きくしたときの有様を表 3.1 に列記してみました. これらの値は対数表を使って計算することもできますが, $x^y$ というようなキーがついている電卓を使えば, わけなく求めることができま

表 3.1　ゼロ乗の正体を探る

| $n$ | $0.5^{\frac{1}{n}}$ | $2^{\frac{1}{n}}$ | $10^{\frac{1}{n}}$ |
|---|---|---|---|
| 1 | 0.5000 | 2.0000 | 10.0000 |
| 2 | 0.7071 | 1.4142 | 3.1623 |
| 3 | 0.7937 | 1.2599 | 2.1544 |
| 4 | 0.8409 | 1.1892 | 1.7783 |
| 5 | 0.8706 | 1.1487 | 1.5849 |
| 6 | 0.8909 | 1.1225 | 1.4678 |
| 7 | 0.9057 | 1.1041 | 1.3895 |
| 8 | 0.9170 | 1.0905 | 1.3335 |
| 9 | 0.9259 | 1.0801 | 1.2916 |
| 10 | 0.9330 | 1.0718 | 1.2589 |

す.

　表を見ていただくと，$n$ の増加につれて，$C$ が 0.5 のときはだんだんに増大しながら，$C$ が 2 や 10 のときには徐々に減少しながら，1 に近づいていくのが見られます．$n$ をもっともっと大きくしていくと，$C$ が 0.5 でも 2 でも 10 でも，$C^{1/n}$ はほとんど 1 に安定してしまうような気配さえ感じられます．実をいうと，数学では

$$C^0 = 1$$

と決めているのです．どんな定数でもゼロ乗すると文字どうり均一に 1 になるというのですから，ずいぶん強引な取り決めのように感じるかもしれませんが，この約束に従うとすべての数学のつじつまが合うのですから，たいしたものです\*.

　さて，$C^0 = 1$ であることに同意すると，式(3.10)にも，おのずから同意せざるを得ません．$n \to \infty$ で $1/n \to 0$ なのですから．

　〔その 9〕　　$\displaystyle \lim_{n \to \infty} n^{\frac{1}{n}} = 1$ 　　　　　　　　　　(3.11)

　毒を喰わば皿まで，です．約束破りのついでに，もうひとつ，約束を徹底的に破ってしまいます．式(3.11)は世間並みの常識ではかいもく見当がつかない方程式です．さっきの約束では定数のゼロ乗は 1 なのですが，こんどは，元の数そのものが無限に大きくなるのですから，なぜそれでも 1 に落ち着くのか理解に苦しむではありませんか．けれども，ここでは目をつぶって式(3.11)を信用しておいてください．どうしても信用できない方のために，付録 1 にこの式の証明を載せてはおきますが……．

---

\*　$C^0 = 1$ で数学上のつじつまが合うことについては，第 4 章でやや詳しくお話しするつもりです．

## 数列が発散したり収束したり

第2章で，曾呂利新左衛門が1日めに米を1粒，2日めは2粒，3日めは4粒というぐあいに，毎日倍々と頂戴していくとするなら，日日にもらう米粒は

$$1, \quad 2, \quad 2^2, \quad 2^3, \quad \cdots\cdots, \quad 2^{n-1}, \quad \cdots\cdots$$

という等比数列になると書きました．しつこいようですが，もういちど，この数列を使うことにします．この数列の $n$ 項めは

$$a_n = 2^{n-1}$$

であり，つまり，一般項は $2^{n-1}$ ですから，これからはちょっと気どって

数列 $\{2^{n-1}\}$

と書くことにしましょう．

この数列の365項めは $2^{364}$ なので，まる1年の最後の日にもらうお米は $2^{364}$ 粒となり，これは地球や太陽の容積でも比較にならないくらいのぼう大な量なので，この米をどこにしまうつもりだったのだろうと，余計な心配をしました．しかし，考えてみれば宇宙は広大無辺です．そのくらいの容積は，銀河系の片すみにちんまりと納ってしまうにちがいありません．

そこで，まる1年で打ち切りなどとケチなことをいわないで，いつまでもいつまでも無限に米をもらい続けることにしましょう．そうすると，日々にもらう米粒の数は結局どうなるでしょう．もちろん，答えは世間並みの常識によって「無限大」です．数学的に書くなら

$$\lim_{n \to \infty} 2^{n-1} = \infty \tag{3.12}$$

です．そして，これは 55 ページの式 (3.8) のちょっとした応用にすぎません．

このように，数列の項番号 $n$ が限りなく大きくなるにつれて $a_n$ が無限に大きくなっていくとき，つまり

$$\lim_{n \to \infty} a_n = \infty \tag{3.13}$$

のとき，この数列は**無限大に発散**する，あるいは単に**発散**するといいます．もっとも，数列によっては，たとえば

$$11, \ 9, \ 7, \ 5, \ \cdots\cdots, \ 11 - 2(n-1), \ \cdots\cdots$$

という等差数列のように負の無限大に発散するものもあるので，これを区別して表現したいときには，**正（負）の無限大に発散**すると，ていねいに言わなければなりません．

これに対して，数列 $\{1/n\}$，つまり

$$1, \ \frac{1}{2}, \ \frac{1}{3}, \ \cdots\cdots, \ \frac{1}{n}, \ \cdots\cdots \qquad （数列 E）と同じ$$

の場合はどうでしょうか．世間並みの常識によって

$$\lim_{n \to \infty} \frac{1}{n} = 0 \qquad\qquad (3.5) の一部$$

ですから，数列の項番号 $n$ が限りなく大きくなるにつれて，$a_n$ は限りなく 0 に近づきます．このようなとき，数列 $\{1/n\}$ は **0 に収束**するといい，0 を数列 $\{1/n\}$ の**極限**と呼んでいます．

もうひとつ，数列 $\{1/n + C\}$ について考えてみてください．

$$\lim_{n \to \infty} \left( \frac{1}{n} + C \right) = C \qquad\qquad (3.7) の一部$$

ですから，$n$ が限りなく大きくなるにつれて，$a_n$ は限りなく $C$ に

近づきます．こういうときも，数列 $\{1/n+C\}$ は $C$ に収束するといい，$C$ が極限なのです．つまり，$n$ が限りなく大きくなるにつれて $a_n$ がある定数に限りなく近づいていくとき，数列 $\{a_n\}$ はその定数に収束するといい，その定数を数列 $\{a_n\}$ の極限というわけです．

では，数列 $\{-1^n\}$，つまり

$$-1,\ \ 1,\ \ -1,\ \ 1,\ \ -1,\ \ \cdots\cdots,\ \ -1^n,\ \ \cdots\cdots$$

（数列D）と同じ

はどうでしょうか．$n$ の増加につれて $a_n$ の値が定数に近づきもしなければ，無限に大きくなる様子もありません．ただいたずらに往きつ戻りつするばかりです．こういうとき，数列 $\{-1^n\}$ は**振動**するといいます．もちろんこの場合，極限の値は存在しません．

このように，数列の性格としては，発散するもの，振動するもの，収束するものと 3 種類があるのですが，数学の分類上は，振動を発散の中に含めてしまうのがふつうです．いいかえれば，収束しないものはすべて発散するとみなすのがふつうです．つまり，整理すると

収束　　$\displaystyle\lim_{n\to\infty} a_n = C$　$\Big\}$　極限あり

発散　$\left\{\begin{array}{l}\displaystyle\lim_{n\to\infty} a_n = \pm\infty \\[2mm] 振動\end{array}\right.$　$\Big\}$　極限あり

　　　　　　　　　　　　　　　　極限なし

のように分類するのが数学上のきまりです．

発散とか収束という言葉は，日常会話にも応用されています．「そんなことを言い始めると議論が発散してしまうばかりだよ」というのは，会議の結論が出るどころか議論の輪がひろがるいっぽうのことですし，「議論が振動しているばかりでは仕方がないから，そろそろ収束させようや」というのは，異論を交互に主張しあっている

ばかりでは仕方がないから，そろそろ妥協点を見出して結論を出そうではないかという状況で使われたりします．

なお，昔は収束の代りに収斂（れん）というむずかしい言葉が用いられていました．

## 数列の発散・収束を実地検証する

倍々と米粒をもらい続けていくと，無限日数の後には，もらう米粒も無限大に発散してしまいます．この無限の米粒が，無限の宇宙空間の中に収容しきれるかどうかと気にならないこともありませんが，余計な心配はほどほどにして，私たちは前へ進まなければなりません．そこで，5種類の数列について極限を調べてみようと思います．

まず，小手調べは

$$1, \sqrt{2}, 2, 2\sqrt{2}, 4, 4\sqrt{2}, \cdots\cdots \qquad （数列 \mathrm{I}）$$

です．この数列の素姓を見破るのはわけもありません．どの項についても，前の項との比が $\sqrt{2}$ ですから，公比が $\sqrt{2}$ の等比数列にちがいありません．したがって，一般項は式(2.4)を参照するまでもなく，$(\sqrt{2})^{n-1}$ です．そうすると，この数列の極限は

$$\lim_{n \to \infty} (\sqrt{2})^{n-1}$$

であり，$n \to \infty$ という状況下では $n-1$ は $n$ と同じことですから，式(3.8)によって

$$\lim_{n \to \infty} (\sqrt{2})^{n-1} = \lim_{n \to \infty} (\sqrt{2})^{n} = \infty \qquad (3.14)$$

であり，（数列Ⅰ）の極限は無限大，つまり，（数列Ⅰ）は正の無限大
に発散することがわかります．

つぎは

$$\frac{1}{2},\ \frac{2}{6},\ \frac{3}{12},\ \frac{4}{20},\ \frac{5}{30},\ \frac{6}{42},\ \cdots\cdots \qquad （数列 J）$$

にアタックです．この数列の規則性を見つけるには，いくらか脳細
胞に働いてもらわなければなりません．分子のほうは

$$1,\ 2,\ 3,\ 4,\ 5,\ 6,\ \cdots\cdots$$

ですから，これ以上に単純な規則性がないくらいのものですが，分
母のほうが

$$2,\ 6,\ 12,\ 20,\ 30,\ 42,\ \cdots\cdots$$

なので，いくらかめんどうです．けれども，26 ページあたりでやっ
たように，分母の数列から階差数列を作るとそれが等差数列になる
ことから，分母の数列が $n$ の 2 次式から発生したものではないか
と見当をつけます．そして，その 2 次式の係数を求めてみると，分
母の数列が $n^2 + n$ によって作られることを見つけるのに，さして
手間はくわないでしょう．したがって，（数列 J）の一般項は

$$\frac{n}{n^2+n}$$

です．そうすると，この数列の極限は

$$\lim_{n\to\infty} \frac{n}{n^2+n} = \lim_{n\to\infty} \frac{1}{n+1} = 0 \qquad (3.15)$$

であり，この数列はゼロに収束することがわかりました．なお，こ
の運算では，世間並みの常識の式(3.6)が活用されていることも，
念のため……．

つぎへ進みます. こういう進み方をするときには, だんだんとむずかしくなるのが世の常ですが, さて, いかがでしょうか.

$$\frac{1}{2}, \ \frac{3}{5}, \ \frac{5}{8}, \ \frac{7}{11}, \ \frac{9}{14}, \ \frac{11}{17}, \ \cdots\cdots \qquad (\text{数列 K})$$

数列の規則性を見出すのは, 前の例より簡単です. なにしろ, 分子のほうは奇数がつぎつぎに並んでいるだけですから $2n-1$ ですし, 分母のほうは公差 3 の等差数列ですから, $3n-1$ になっていることを見つけるのはむずかしくありません. そうすると (数列 K) の一般項は

$$\frac{2n-1}{3n-1}$$

ですが, $n$ がどんどんと大きくなったら, はて, この一般項はどのような値になるのでしょうか. $n \to \infty$ になると分子も分母も $\infty$ になってしまいそうで,「$\infty$ 分の $\infty$」がなんなのか, よくわからないではありませんか.

こういうとき,「$\infty$ 分の $\infty$」と思い込む前に, ふつうの代数のセンスで式を変形してみるのが肝要です. 分子と分母を $n$ で割ってみると

$$\frac{2 - \dfrac{1}{n}}{3 - \dfrac{1}{n}}$$

となりますから, ここで, $n \to \infty$ としてみてください. $1/n \to 0$ ですから, 分子は 2 へ, 分母は 3 へ収束するにちがいありません. すなわち, (数列 K) の極限は

$$\lim_{n \to \infty} \frac{2n-1}{3n-1} = \lim_{n \to \infty} \frac{2 - \dfrac{1}{n}}{3 - \dfrac{1}{n}} = \frac{2}{3} \tag{3.16}$$

となり，この数列は極限 2/3 へ収束します．

　一般的にいって，$n \to \infty$ のとき，$1/n$ や $1/n^2$ などはゼロに収束しますから，なるべく $1/n$ や $1/n^2$ などの形になるよう式の形を整理するのが，$n \to \infty$ のときの極限を見つけるコツのひとつです．たとえば

$$\frac{n^2 + 3n + 2}{2n^2 + n + 1}$$

のようなときには，分子と分母を $n^2$ で割って

$$\frac{1 + \dfrac{3}{n} + \dfrac{2}{n^2}}{2 + \dfrac{1}{n} + \dfrac{1}{n^2}}$$

とすれば，$n \to \infty$ の極限が 1/2 であることを容易に発見できるように，です．

　つぎの問題は，もう少しむずかしいかな？

$$-1, \quad \frac{4}{3}, \quad -\frac{7}{5}, \quad \frac{10}{7}, \quad -\frac{13}{9}, \quad \frac{16}{11}, \quad \cdots\cdots \qquad (\text{数列 L})$$

の極限は，どうですか．第 2 項以降は分数ですから，初項も $-1/1$ という分数とみなし，ひとつとびについているマイナス符号を棚上げして考えれば，分子のほうは

$$1, \quad 4, \quad 7, \quad 10, \quad 13, \quad 16, \quad \cdots\cdots$$

ですから，$3n-2$ ですし，分母のほうは

　　　1, 3, 5, 7, 9, 11, ⋯⋯

ですから，$2n-1$ にちがいありません．すなわち，マイナス符号を棚上げした（数列 L），いいかえれば，（数列 L）の絶対値数列の一般項は

$$\frac{3n-2}{2n-1}$$

であり，したがって，その極限は

$$\lim_{n\to\infty}\frac{3n-2}{2n-1}=\lim_{n\to\infty}\frac{3-\dfrac{2}{n}}{2-\dfrac{1}{n}}=\frac{3}{2} \tag{3.17}$$

となり，きれいに収束します．けれども，ほんとうの（数列 L）は，符号が交互に変わるのですから，$n\to\infty$ のほうでは，限りなく 3/2 に近い値と，限りなく −3/2 に近い値とが交互に並んでいるはずです．これでは，（数列 L）は振動しているといわざるを得ません．残念ながら（数列 L）は，極限を持たないし，収束もしないのです．

　もうひとつ，おまけに

$$-\frac{1}{2}, \ \frac{1}{4}, \ -\frac{1}{8}, \ \frac{1}{16}, \ -\frac{1}{32}, \ \frac{1}{64}, \ \cdots\cdots \quad （数列 M）$$

の極限について考えてみてください．符号を棚上げしてしまえば，世間並みの常識の式(3.9)によって

$$\lim_{n\to\infty}\left(\frac{1}{2}\right)^n=0 \tag{3.18}$$

ですが，符号が交互に変わるから振動してしまい，収束はしないの

ではないかと思われるかもしれません．けれども，$n \to \infty$につれて，限りなくゼロに近いプラスの値と，限りなくゼロに近いマイナスの値とが交互に並び，ゼロをはさみ討ちする恰好で両側から限りなくゼロに近づくのですから，（数列M）はゼロに収束するというのが正しい見方です．

　同じように符号が交互に変わる数列であっても，（数列L）と（数列M）の事情が異なることは，図3.2を見ていただければ一目瞭然でしょう．

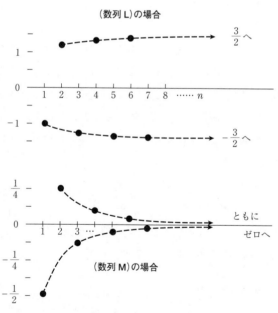

図3.2　交互に符号が変わってもそれぞれの事情がある

## 数列から級数へ

しょうこりもなく，余計な心配をする愚さをお許しください．
倍々と米粒をもらい続けていくと，無限日数の後には1日にもらう
米粒も無限に発散してしまい，この無限の米粒は宇宙空間の中に収
容できるだろうかと心配していたのですが，実は心配はもっと大き
いのです．なにしろ，無限日後にはその日にもらう無限の米粒のほ
かに，毎日毎日もらい続けてきた米粒がたまっているのですから，
宇宙空間に収容しなければならない米粒の総量は，無限日後にもら
う無限の米粒を含めて，それまでにもらった米粒の合計ですから，
おおさわぎです．

日々もらう米粒は

$$1, \quad 2, \quad 2^2, \quad 2^3, \quad \cdots\cdots, \quad 2^{n-1}, \quad \cdots\cdots$$

という公比が2の等比数列になり，無限日後のある日にもらう米粒は

$$\lim_{n \to \infty} 2^{n-1} = \infty \qquad\qquad (3.12)と同じ$$

になるのでした．けれども，私たちが知らなければならないのは，
無限日後のある日までにもらった米粒の総量です．それは，どれく
らいの量になるでしょうか．最後の1日にもらう米粒でさえ無限大
なのだから，それまでにもらい続けた米粒は無限大になるに決まっ
ていると，直感的に軽く片付けないで，付き合ってください．

$n$ 日後までにもらう米の総量は

$$2^n - 1 \qquad\qquad (2.20)と同じ$$

ですから，無限日後のある日までにもらう米の総量は

$$\lim_{n \to \infty} (2^n - 1) = \infty \qquad\qquad (3.19)$$

になります. $n \to \infty$で$2^n \to \infty$ですから, そこから1を引いても$\infty$に変わりはないのです. 私たちの直感どうり, 最後の1日にもらう米粒さえ無限大なのですから, それまでにもらい続けた米粒の総量も, 当然, 無限大になります.

　直感的にわかることを数学的に証明する必要はないではないかというご意見には, 大いに異論があるのですが, それはさておき, 直感信奉論の方には, つぎの数列を見ていただきたいのです.

$$1,\ \frac{2}{3},\ \left(\frac{2}{3}\right)^2,\ \left(\frac{2}{3}\right)^3,\ \cdots\cdots,\ \left(\frac{2}{3}\right)^{n-1},\ \cdots\cdots\ (\text{数列 N})$$

曽呂利新左衛門の挿話でたとえるなら, 1日めには1升, 2日めにはその三分の二, つぎの日はまたその三分の二, ……というぐあいに, 日々に三分の二ずつに減じながら米をもらい続ける場合に相当します. この場合, 無限日後のある日にもらう米の量は

$$\lim_{n \to \infty} \left(\frac{2}{3}\right)^{n-1} = 0$$

であることは, コンマ以下の値をかけ合わせるにつれてだんだんとゼロに近づくという, 世間並みの常識で理解できます. けれども, 無限日後のある日までにもらい続けた米の総量はどうでしょうか. 毎日もらう米の量は日数の経過とともに減少し, ついにはゼロに限りなく近い量に減ってしまいます. けれども, ちりも積もれば山となるのたとえどうり, 無限の日数にわたって米をもらい続けるのですから, 総量は目に見えないくらいずつであっても, 着実に増加していくことも事実です. さあ, 無限日後の米の総量はいくらでしょ

うか. これには, がんこな直感信奉論の方も参ってしまうにちがい
ありません.

こういうときには, 数学に頼るのが, やはり解決への近道です.
私たちの数列は, 公比が 2/3 の等比数列ですから, $n$ 項までの和は
式(2.24)によって

$$\frac{1 - (2/3)^n}{1 - 2/3}$$

です. したがって, 無限項までの総和は

$$\lim_{n \to \infty} \frac{1 - (2/3)^n}{1 - 2/3} = \frac{1}{1 - 2/3} = 3 \tag{3.20}$$

となり, 無限日後までにもらい続けた米の総量が 3 升になることが
容易にわかり, 問題は解決します.

一般に, ある数列 $\{a_n\}$ の項をつぎつぎに限りなく加え合わせたも
の, すなわち

$$a_1 + a_2 + a_3 + \cdots\cdots + a_n + \cdots\cdots \tag{3.21}$$

を**級数**と呼んでいます. 和の形が無限に続いているので**無限級数**と
いうこともありますが, それならその対語として**有限級数**という用
語があってもいいはずで, 確かに有限級数という言葉が使われるこ
ともあるのですが, これは, いわゆる有限の数列の和と同じことで
すから, 紛らわしくて仕方がありません. で, ふつうは, 級数とい
えば無限級数のことを意味し, 有限級数という用語は使わずに, 数
列の和ということが多いようです.

そして, 無限に長たらしい数列の和をいちいち式(3.21)のように
書くのは煩わしいので, これを

$$\sum_{n=1}^{\infty} a_n$$

と書き表わします．Σは S に相当するギリシア文字でシグマと読み，Sum（和）を表わしているので，$n$ を 1 から ∞ まで変化させたときの $a_n$ の総和という意味になります．級数では，$n$ が 1 から ∞ までの $a_n$ の総和であることがわかりきっているので，単に

$$\sum a_n$$

と書いても差し支えありません．

　Σ は ∫ と並んで，数学の記号では嫌われものの代表です．この記号に遭遇したとたんに心筋のあたりが締めつけられて，先へ読み進めなくなる方も少なくないほどです．このうち，積分を表わす ∫ のほうは，＋－×÷の四則演算から脱皮した新しい概念を理解する必要があるので，多少は心筋が締めつけられても仕方がないのですが，Σ のほうは，小学校以来なじみの深い「たし算」にすぎませんから，心筋にはまったく負担がかからないはずです．ぜひ，仲良くしてやってください．

## われらが友だち，級数くん

　ある数列の項をつぎつぎに限りなく加え合わせたものを級数という，と書いてきました．そして，級数は高校の数学で生徒を苦しめる悪役のひとりなのですが，どうして級数などを学ぶ必要があるのでしょうか．数列の項をつぎつぎに限りなく加え合わせるというしんどい操作が，私たちの人生や人類の社会活動にとって必要な理由

があるというのでしょうか.

それが，あるのです．そうでなければ，級数などという辛気くさいものが，生徒たちの迷惑をもかえりみずに高校数学に登場するわけがありません．級数が個人や人類の社会活動に必要な第1の理由は，級数が私たちの社会活動の中で使われている数(すう)と深いかかわりあいを持っているところにあります．あとで少し詳しく書くつもりですが，私たちが使っている数には，……，−3，−2，−1，0，1，2，3，……のような整数どうしに，＋−×÷の四則演算を有限回だけ施しただけでは作り出すことができない数があり，無理数と呼ばれています．そのようなムリな数は使わなければいいではないかとお考えの方もあろうかと思いますが，そうはいきません．$\sqrt{2}$，$\pi$，$\sin 20°$，$e$ などの値はみな無理数ですし，近代の文明社会がこのような数を使わずに成立し，機能していくことは不可能だからです．

ところで，このような無理数は整数どうしに有限界の四則演算を施しただけでは作り出せないと書きましたが，無理数のうちでも重要な多くの数が，級数としてなら形よく表わせる場合が少なくありません．

たとえば

$$\sin x = x - \frac{x^3}{3!} + \frac{x^5}{5!} - \frac{x^7}{7!} + \cdots\cdots \qquad (3.22)$$

$$e^x = 1 + x + \frac{x^2}{2!} + \frac{x^3}{3!} + \cdots\cdots \qquad (3.23)$$

などのように，です*.

ひと昔まえまでは，三角関数や対数・指数関数のための数表が出版されていて，技術者たちにとっては片時も手離せないものでした

が，いまでは数千円の電卓のキーを押すだけで望みの値を読みとることができ，そのために数表がほとんど売れなくなったそうです．小さな電卓が立ちどころに三角関数や対数・指数関数の値を表示するからくりは，企業秘密ですから決して教えてはくれませんが，たぶん，式(3.22)や(3.23)などを使って計算しているのだろうと思います．そうすると，私たちが電卓のキーを押すたびに級数のお世話になっているにちがいありません．このように，級数は数とからみ合いながら，私たちの実生活の中に入り込んできているのです．

　級数が私たちの社会活動に必要な第2の理由は，その工学的な価値にあります．私たちの身の回りには，周期的な振動と深い関連を持つものが少なくありません．船や車などの乗り心地，声や音の良し悪し，電波の特性など，多くのものが振動の波形に影響されます．そして，これらを改善しようとするとき，振動の有様をフーリエ級数と呼ばれる三角関数の級数を使って解析することが多いのですが，これなどは，級数を工学へ応用した典型的な例といえましょう．

　そして最後に，いくらかこじつけがましいのですが，無限数列や級数を理解することが，自然現象や社会現象への新しい目を開くきっかけになると期待できることにあります．たとえば，つぎのような例を見ていただきましょう．

　初項1，公比 $r$ の等比数列の場合，$n$ 項までの和は，36ページの式(2.24)の $a$ を1とすれば

---

＊　どのようにしてこれらの式が作り出されるかについては『微積分のはなし(下)【改訂版】』199ページをご参照ください．なお，$n!$ は，$1 \times 2 \times 3 \times \cdots\cdots \times n$ を表わす記号です．たとえば，$3! = 1 \times 2 \times 3 = 6$ のように……．

ト>1なら驚異的な成果が

$$1 + r + r^2 + \cdots\cdots + r^{n-1} = \frac{1-r^n}{1-r} \qquad (3.24)$$

ですから，この無限項までの和，つまり等比級数は

$$\sum r^{n-1} = \lim_{n \to \infty} \frac{1-r^n}{1-r} = \lim_{n \to \infty} \frac{r^n-1}{r-1} \qquad (3.25)$$

です．ところが，この級数は $r$ が正である範囲だけを考えても，$r$ が1より小さいか，1より大きいかによって，決定的に異なった状況を呈します．1より小さければ，$n \to \infty$ で $r^n \to 0$ ですから

$$\lim_{n \to \infty} \frac{1-r^n}{1-r} = \frac{1}{1-r} \qquad (3.26)$$

という値に収束します．これに対して，$r$ が1より大きければ，$n \to \infty$ になると $r$ よりは $r^n$ のほうが急速に∞に近づきますから

$$\lim_{n \to \infty} \frac{r^n-1}{r-1} = \infty \qquad (3.27)$$

となって，無限大に発散してしまいます．これを，またまた曽呂利

新左衛門の例でたとえるなら，「1日めに1升，2日めにその99%，3日めにはまたその99%というように，常に前日の99%ずつの米をもらう」なら，それを無限日つづけたとしても，もらう米の総量は

$$\frac{1}{1-0.99} = 100 (升)$$

にしかすぎないのに，「1日めに1升，2日めにその101%，3日めにはまたその101%というように，常に前日の101%ずつの米をもらう」となると，無限日後までにもらう米の総量は無限大になってしまい，無限の広がりをもつ宇宙空間に収容しきれるかどうかと悩むはめになります．

　このことは，私たちが生きている環境や自分自身の人生について，なにかの示唆を与えてくれると思いませんか．日に日にごく僅かな割合でもいいから努力して自分を伸ばしていくことができたら，長い年月の後には驚異的な成果が期待できますが，ほんの僅かずつでも日々の努力が減少するようなら，一生をかけてもたいしたことは出来やしない……．

　では，1以上の，つまり人並み以上の努力を，手はじめに級数の勉強に傾注するとしましょう．


## 等比級数が収束するためには

　前の節で，初項1，公比$r$の等比級数は，$r$が正であるとき，$r$が1より小さければ収束し，$r$が1より大きければ無限大に発散すると書きました．それでは，$r$がぴったり1ならどうでしょうか．また，$r$が負の範囲にあればどうなるでしょうか．初項を一般的な

値 $a$ とした等比級数

$$a + ar + ar^2 + \cdots\cdots \qquad\qquad (2.21) \text{と同じ}$$

について調べてみようと思います．

初項から第 $n$ 項までの和は，36 ページで求めたように

$$S = a\frac{1-r^n}{1-r} = a\frac{r^n-1}{r-1} \qquad\qquad (2.24) \text{と同じ}$$

であり，また，$r = 1$ のときには，$a$ が $n$ 個並んでいるにすぎませんから

$$S = na$$

です．したがって，初項 $a$，公比 $r$ の等比級数は

(1) $r > 1$ のときは

$$\lim_{n\to\infty} a\frac{r^n-1}{r-1} = \infty \qquad\qquad (3.28)$$

となり，無限大に発散．

(2) $r = 1$ のときは

$$\lim_{n\to\infty} na = \infty \qquad\qquad (3.29)$$

であり，これも無限大に発散．

(3) $0 < r < 1$ のとき

$$\lim_{n\to\infty} a\frac{1-r^n}{1-r} = \frac{a}{1-r} \qquad\qquad (3.30)$$

となって，きれいに収束．

(4) $r = 0$ のときは，上の式で $r = 0$ とすればいいから，$a$ に収束……．公比 $r$ が 0 である等比級数は，$a + 0 + 0 + \cdots\cdots$ だから，当り前．

(5) $-1 < r < 0$ のときは，どうなるでしょうか．一例として，$a = 1$, $r = -1/2$ なら

$$1 - \frac{1}{2} + \frac{1}{4} - \frac{1}{8} + \frac{1}{16} - \frac{1}{32} + \cdots\cdots \qquad \text{〔級数A〕}$$

を観察してください．1項めから逐次に合計していくと増えたり減ったりを繰り返すのですが，しかし，増えたり減ったりする量はどんどん小さくなっていきますから，いずれは，ある値に落ち着くだろうと見当がつきます．その値は式(2.24)の $a$ に1，$r$ に$-1/2$ を代入してみると

$$\lim_{n \to \infty} \frac{1 - (-1/2)^n}{1 - (-1/2)}$$

となりますが，$(-1/2)^n$ は，65ページあたりで調べたように，$n \to \infty$ でゼロに収束しますから

$$= \frac{1}{1 - (-1/2)} = \frac{2}{3}$$

です．〔級数A〕が結局，2/3 という割にきれいな値に収束するのは，ちょっとした発見ではありませんか．

このように，$-1 < r < 0$ のときには，等比級数は

$$\lim_{n \to \infty} a \frac{1 - r^n}{1 - r} = \frac{a}{1 - r} \qquad (3.30)\text{と同じ}$$

に収束することがわかります．$0 < r < 1$ のときと，同じです．

(6) $r = -1$ のときは奇妙です．かりに $a$ を1とすると，級数は

$$1 - 1 + 1 - 1 + 1 - 1 + \cdots\cdots \qquad \text{〔級数B〕}$$

となるのですが，この総計がいくらになるかについて，いくつもの珍説があります．列記してみると

〔その1〕　　　$(1-1)+(1-1)+(1-1)+\cdots\cdots=0$

〔その2〕　　　$1+(-1+1)+(-1+1)+\cdots\cdots=1$

〔その3〕　　　1項めと2項め，3項めと4項め，5項めと6項め
　　　　　　　　……とを交換しても合計は変わらないはずだから
　　　　　　　　$-1+1-1+1-1+1-\cdots\cdots$
　　　　　　　　　$=-1+(1-1)+(1-1)+(1-1)+\cdots\cdots=-1$

〔その4〕　　　$S=1-1+1-1+1-1+\cdots\cdots$
　　　　　　　　　$=1-(1-1+1-1+1-\cdots\cdots)=1-S$
　　　　　　　　$\therefore\quad S=1/2$

さあ，〔級数B〕が収束する値は0でしょうか．それとも1，−1，1/2のいずれでしょうか．

　ほんとうの答えは，これらのいずれでもありません．これらの計算は，項が無限にある級数に（　）を持ち込んだところに誤りがあります．無限という「数」はないのですが，かりに項数が無限個だけあったとすると，無限個が偶数なら〔その1〕はつじつまが合いますが，〔その2〕や〔その3〕では最後に（　）にはいりきれない−1や1が残ってしまいます．無限個が奇数なら〔その2〕はつじつまが合う代りに〔その1〕では−1が（　）にはいりきれないで取り残されるし，〔その3〕では項の入れ換えが完結できません．形式的には〔その4〕がきれいですが，（　）の中の項数が無限個より1個だけ足りません．だいたい，無限というのは一定の数ではありませんから，それは偶数でも奇数でもなく，うかつに（　）でくくると妙なことが起こりますから，ご用心，ご用心．

　結局，〔級数B〕は $n$ の増加につれて0になったり1になったりを際限なく繰り返すばかりですから，**振動**しているのであり，いつ

まで待っても**収束**はしません. そして, 収束しない場合には**発散**するとみなすところは, 数列の場合と同じです.

　長くなりました. 要するに $r = -1$ の等比級数は発散するのです.

　(7)　最後に, $r < -1$ の場合です. その等比級数が収束するか発散するかの見当をつけるために, $a = 1$, $r = -2$ とし

$$1 - 2 + 4 - 8 + 16 - 32 + 64 - \cdots\cdots \qquad \text{〔級数 C〕}$$

を見てください. 無限級数ですから(　)をつけて勝手な答えを出してはいけません[*]. すなおに, 1項めまでの合計, 2項めまでの合計, 3項めまでの合計, ……の数列を作ってみると

$$1, \ -1, \ 3, \ -5, \ 11, \ -21, \ 43, \ \cdots\cdots$$

となり, プラスとマイナスに振動しながら絶対値はどんどんと大きくなっていきます. これでは, 収束するわけがありません. したがって, 発散するにちがいないのです.

　数式を使って考えても同じ結論に到達します.

$$\lim_{n \to \infty} a \frac{1 - r^n}{1 - r}$$

を見てください. $r < -1$ ですから分母は正の値で, $n \to \infty$ になっても変化はしません. 分子にある $1 - r^n$ は, $n$ が奇数なら正, 偶数なら負の値をとりながら, $n \to \infty$ につれて絶対値は無限に大きくなります. つまり, 振動しながら絶対値は無限に大きくなるのですか

---

[*]　　　　$(1-2) + (4-8) + (16-32) + \cdots\cdots = -\infty$

　　　　　$1 + (-2+4) + (-8+16) + (-32+64) + \cdots\cdots = \infty$

　　　　　$S = 1 - 2 + 4 - 8 + 16 - 32 + \cdots\cdots$

　　　　　　$= 1 - 2(1 - 2 + 4 - 8 + 16 - 32 + \cdots\cdots) = 1 - 2S$

　　　　$\therefore \quad S = 1/3$

　などと, ゆめゆめ, やってはいけません.

ら，答えなど存在しないのです．少なくとも収束することなど，絶対にありません．

　(1)から(7)まで，等比級数についてみっちりと吟味してきました．そして判明したことを整理すると

$$r \geqq 1 \quad \text{なら} \qquad \infty \text{に発散}$$

$$-1 < r < 1 \quad \text{なら} \qquad \frac{a}{1-r} \text{に収束}$$

$$r \leqq -1 \quad \text{なら} \qquad \text{発散，極限なし}$$

ということになるでしょう．


## 小鹿の悲劇を級数で解く

　ごつごつした話の連続で，さぞや肩が凝ったことと思います．リラックスするために，クイズをひとつどうぞ．

　アフリカのサバンナは豊かな自然が保たれていると賛美されますが，いちめん，そこは弱肉強食の狩りの場でもあります．ある日，あるところで，一匹の小鹿がライオンの挟み討ちに合っています．A地点でライオンAと遭遇した小鹿は，B地点めざして脱兎のごとく逃げ，そのあとをライオンAが追います．そのときちょうど，B地点をスタートしたライオンBが，小鹿を挟撃しようとA地点のほうへ走ります．そうすると，小鹿はA地点とB地点の途中でライオンBにぶつかるのですが，そのとたんに小鹿はとんぼ返りをしてA地点のほうへ引き返します．そして，ライオンAにぶつかると，こんどはB地点めがけてUターン……．2匹のライオンの間をとんぼ返りを繰り返したあげく，哀れな小鹿は結局2匹のライオンに挟み

討ちされて餌食になってしまいます.

　さて，哀れな小鹿はA地点でライオンに遭遇してから落命するまでなん分かかるでしょうか．A地点とB地点の間の距離は5000m，小鹿の速さは4000m/分，ライオンの速さは2匹とも1000m/分とします.

　図3.3を見ながら考えてください．A地点をライオンAと同時に

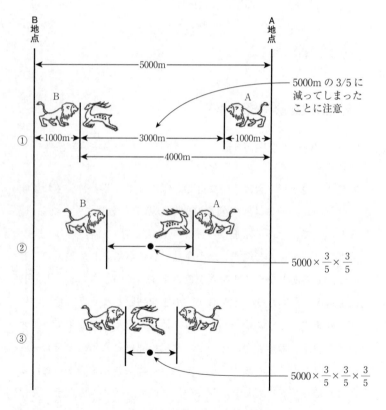

**図3.3　ライオンに挟撃された小鹿の運命やいかに**

スタートした小鹿は，すばらしい速さでライオンAの追跡を振りき
り，B地点から走ってきたライオンBとぶつかるのですが，小鹿と
ライオンの速さの比は 4：1 ですから，小鹿がライオンBとぶつか
るまでに走った距離は，mを単位として

$$5000 \times \frac{4}{4+1} = 5000 \times \frac{4}{5} = 4000$$

です．そして，この距離を走るのに要する時間は

$$\frac{5000 \times 4/5}{4000} 分$$

になります．この時，ライオンAは小鹿の後方，3000m に迫って
います．つまり，図3.3の①を見ていただければ明らかなように，
小鹿が初めてのUターンをする時点では，つぎに遭遇するはずのライ
オンとの距離が，いちばんはじめの距離の 3/5 に減っていること
に注意してください．

　A地点めざしてUターンした小鹿は，間もなくライオンAと再び
遭遇する運命にあります．UターンしてからライオンAに遭遇する
までの距離は，いちばんはじめの 3/5 に減ってしまっているのです
から，この距離を走るのに要する時間は

$$\frac{5000 \times 4/5}{4000} \times \frac{3}{5} 分$$

であるにちがいありません．

　ライオンAの面前でUターンした小鹿は，再びライオンBに再会
するのですが，それに要する時間はまったく同じ理屈で，さらに
3/5 に縮小するはずです．さらに，Uターンを繰り返したあとの理
屈も同じです．

したがって，Uターンを繰り返す小鹿が費やす時間の総計は

$$\frac{5000 \times 4/5}{4000}\left\{1+\frac{3}{5}+\left(\frac{3}{5}\right)^2+\left(\frac{3}{5}\right)^3+\cdots\cdots\right\}$$

$$=\left\{1+\frac{3}{5}+\left(\frac{3}{5}\right)^2+\left(\frac{3}{5}\right)^3+\cdots\cdots\right\}$$

という級数で表わされることになります*．これは，$a = 1$，$r = 3/5$ の等比級数ですから，その総和は式(3.30)によって

$$\frac{1}{1-\dfrac{3}{5}}=\frac{1}{\dfrac{2}{5}}=\frac{5}{2}=2.5\text{分}$$

ということになります．哀れな小鹿は，Uターンを繰り返し，とくにあとのほうでは，まったく小刻みに無限回のUターンを繰り返すのですが，それにもかかわらず，たった2分半で落命してしまうことになります．ご冥福を祈りましょう．

　いまは，小鹿の動きに着目して，無限回のピストン往復の所要時間を総計しました．けれども考え直してみれば，5000m の距離の両端からライオンがそれぞれ1000m/分の速さで接近してくるのですから，ちょうど2分半後に，2匹のライオンがA地点とB地点の中央で衝突するはずです．であれば，2匹のライオンに挟み討ちされた小鹿が落命するまでの時間も2分半に決まっているではありませんか．等比級数などでムダ骨を折らせて，すみませんでした．

---

\* 　数ページ前に，無限級数はうかつに（ ）でくくると危ないと書きましたが，ここでは（ ）でくくったあと紛らわしい演算はしていませんから，ご安心のほどを……．

## 循環小数を分数に変える法

いつまでも等比級数にこだわるようですが，これが最後ですから，付き合ってください．

ここに

0.1234 234 234 234 ……

と，どこまでも 234 が繰り返される小数があるとします．このように，あるところから先に無限の繰返しが続くような小数を**循環小数**といい，無限に繰り返して書くわけにはいかないので

$$0.1\overset{\displaystyle\cdots}{2}34$$

というように，数字の上に黒点をつけて，その部分が無限に繰り返されることを表わすことは，たいていの方はご存知だろうと思います．

ところで，循環小数は必ず分散に直すことができるのを，ご存じでしょうか．つぎのようにやればいいのです．

$$0.1\overset{\displaystyle\cdots}{2}34 = \frac{1}{10} + \frac{234}{10^4} + \frac{234}{10^7} + \frac{234}{10^{10}} + \cdots$$

$$= \frac{1}{10} + \frac{234}{10^4}\left(1 + \frac{1}{10^3} + \frac{1}{10^6} + \cdots\right)$$

（　）の中は，$a = 1$，$r = 0.001$ の等比級数ですから

$$= \frac{1}{10} + \frac{234}{10^4}\frac{1}{1 - 0.001} = \frac{1}{10} + \frac{234}{9990}$$

$$= \frac{999 + 234}{9990} = \frac{1233}{9990} = \frac{137}{1110}$$

というぐあいです．わけありませんから，$0.\overset{\displaystyle\cdot}{7}$ や $3.1\overset{\displaystyle\cdots}{4}$ なども分数に直してみていただけませんか．

### 級数が収束するための必要条件

数ページほど前に，等比級数 $\sum ar^{n-1}$，つまり

$$a + ar + ar^2 + \cdots\cdots$$

は，$-1 < r < 1$ のときに限って収束することを確かめました．考えてみると，数学的にはどのような級数にも平等に関心をもつとしても，現実的な見地からいえば，収束しない級数よりは収束する級数のほうが，ずっと実用的な価値が高いように思われます．現実の問題解決に級数を利用しようというのに，その級数が極限をもたなかったり，$\infty$ や $-\infty$ に発散してしまうようでは，その問題が解決できないという証拠になることはあっても，ずばり問題が解決できる見込みになることは，まずないでしょう．これに対して，級数が収束して一定の値を示すなら，1 升から始めて前日の 99% の米をもらい続けても無限日後になっても 100 升を上回る米は貯らないとか，ライオンに挟撃された小鹿の寿命は 2.5 分であるというように，現実の問題に対してしっかりとした答えを与えることができます．こういうわけですから，級数はどのような条件を満たせば収束するのかを確かめておかなければなりません．

まず，すぐにわかることは，数列 $\{a_n\}$，つまり

$$a_1,\ a_2,\ a_3,\ a_4,\ \cdots\cdots$$

がゼロに収束しないなら，級数 $\sum a_n$，つまり

$$a_1 + a_2 + a_3 + a_4 + \cdots\cdots$$

は収束するはずがないということです．なぜなら，もし数列 $\{a_n\}$ が $\infty$ に発散するなら，$n \to \infty$ で $a_n \to \infty$ ということであり，たった 1 つの項でさえ $\infty$ なのに，級数 $\sum a_n$ はぜんぶの項を合計したもの

ですから, らくらくと∞に発散してしまうにちがいありません. 数列 $\{a_n\}$ が$-\infty$に発散する場合も同様です.

つぎに, 数列 $\{a_n\}$ が 66 ページに図示した(数列L)

$$-1, \quad \frac{4}{3}, \quad -\frac{7}{5}, \quad \frac{10}{7}, \quad -\frac{13}{9}, \quad \frac{16}{11}, \quad \cdots\cdots$$

のように振動していて, 極限をもたないならどうでしょうか. これらを合計した級数 $\sum a_n$ も, 振動してしまって収束するはずはありません.

それでは, 数列 $\{a_n\}$ がゼロではない一定の値にきれいに収束する場合はどうかというと, たとえば

$$\frac{1}{2}, \quad \frac{3}{5}, \quad \frac{5}{8}, \quad \frac{7}{11}, \quad \cdots\cdots \qquad \text{(数列K)と同じ}$$

を例にとって考えてみてください. この数列は 2/3 に収束するのでしたから, $n$ がうんと大きいところでは, 2/3 にごく近い値がずらーっと無限に並んでいるはずです. したがって, 級数 $\sum a_n$ では, 無限に並んだこれらの値をぜんぶ加え合わせるのですから, 結局は∞に発散してしまいます. このように, 数列 $\{a_n\}$ がゼロではない値に収束する場合でも, 級数 $\sum a_n$ は決して収束せずに∞か$-\infty$に発散してしまうので, とても残念です.

こうしてみると, 級数 $\sum a_n$ が収束するのは, 数列 $\{a_n\}$ がゼロに収束する場合, すなわち

$$\lim_{n\to\infty} a_n = 0$$

の場合に限られることがわかります. 逆に言えば, 級数 $\sum a_n$ が収束するためには, 数列 $\{a_n\}$ は必ずゼロに収束しなければなりませ

んし，数列 $\{a_n\}$ がゼロに収束しないなら，級数 $\sum a_n$ は発散することになります．


## 逆かならずしも真ならず

　級数 $\sum a_n$ が収束するためには，数列 $\{a_n\}$ がゼロに収束しなければなりません．それなら，数列 $\{a_n\}$ がゼロに収束すれば，級数 $\sum a_n$ が収束するかというと，そうはいかないから困ってしまいます．逆かならずしも真ならず，です．つまり

$$\lim_{n \to \infty} a_n = 0$$

は，級数 $\sum a_n$ が収束するための必要条件であり，十分条件ではありません．

　たとえば，もっとも単純な調和数列

$$1, \ \frac{1}{2}, \ \frac{1}{3}, \ \cdots\cdots, \ \frac{1}{n}, \ \cdots\cdots \qquad （数列 E）と同じ$$

を見ていただきましょう．この数列は

$$\lim_{n \to \infty} \frac{1}{n} = 0$$

ですから，ゼロに収束することは明らかです．けれども

$$1 + \frac{1}{2} + \frac{1}{3} + \cdots\cdots + \frac{1}{n} + \cdots\cdots \qquad 〔級数 D〕$$

という級数が収束するかどうかは，もう少し調べてみないと明らかになりません．そこで，さっそく調べてみなければ，考える葦としての義理がたちません．

すぐ，その気になるのですが，この級数が収束するかどうかを調べるのは，そう簡単ではありません．なにしろ分数ですから，$n$ 項までの和を求めるために分母を通分しようとすると

$$1 \times 2 \times 3 \times \cdots\cdots \times n = n!$$

などが現われて，ひどくめんどうなのです．

そこで，〔級数D〕の2項めまでの和，3項めまでの和，4項めまでの和……と順に計算し，$n$ が大きくなるにつれてどのような値に近づくか，見当をつけることにします．アインシュタイン博士は，「物理学の本質的な法則は，実験や観測の結果からだけでは見極めることができるとは限らない．それは，かえって人間の思考の自由な活動を妨げてしまう．だから現象から離れれば離れるほどいい」といって，従前どうりの科学的姿勢から脱却して相対性理論を発見しました．けれども，私たちはそれほどむずかしい数学に立ち向かっているわけではありませんから，ふつうの科学的手法にしたがって，観測の結果からルールを発見しようと思うのです．

$$2 \text{項までの和} = 1 + \frac{1}{2} = \frac{3}{2} = 1.500$$

$$3 \text{項までの和} = 1 + \frac{1}{2} + \frac{1}{3} = \frac{11}{6} \fallingdotseq 1.833$$

$$4 \text{項までの和} = 1 + \frac{1}{2} + \frac{1}{3} + \frac{1}{4} = \frac{25}{12} \fallingdotseq 2.083$$

$$\cdots\cdots\cdots \quad 中 \quad 略 \quad \cdots\cdots\cdots$$

$$8 \text{項までの和} = 1 + \frac{1}{2} + \frac{1}{3} + \cdots\cdots + \frac{1}{8} = \frac{2283}{840} \fallingdotseq 2.718$$

$$\cdots\cdots\cdots \quad 後 \quad 略 \quad \cdots\cdots\cdots$$

となりますから，もちろん $n$ が大きくなるにつれて数列の和も大きくはなるのですが，しかし，$n$ がどんどん大きくなっても，数列の和はそれほど大きくはなりません．

もっと根気よく計算を続けてみると，$n$ が 50 のとき 4.499，$n$ が 100 になっても 5.187 くらいです．それからあとは，ごく小さな値が加算されていくだけですから〔級数D〕は 10 とか 20 とかくらいの値に収束するのではないかとも思うのですが，そう期待していいものかどうか，どうもよくわかりません．

ところが，こういう計算をしていると，その過程でおもしろいことに気がつきます．$n$ 項までの和を $S_n$ と書くことにして，1 項までの和，2 項までの和，4 項までの和，8 項までの和……と倍々にふやしてみます．つまり，$S_1$，$S_2$，$S_{2^2}$，$S_{2^3}$，……を調べてみます．$S_1$ は 1 で，つまらないから省略して，$S_2$ から書くと

$$S_2 = S_1 + \frac{1}{2} = 1 + \frac{1}{2}$$

$$S_{2^2} = S_2 + \frac{1}{3} + \frac{1}{4} > S_2 + \left( \frac{1}{4} + \frac{1}{4} \right)$$

$$= 1 + \frac{1}{2} + \frac{1}{2} = 1 + \frac{1}{2} \times 2$$

$$S_{2^3} = S_{2^2} + \frac{1}{5} + \frac{1}{6} + \frac{1}{7} + \frac{1}{8} > S_{2^2} + \left( \frac{1}{8} + \frac{1}{8} + \frac{1}{8} + \frac{1}{8} \right)$$

$$= 1 + 2 \times \frac{1}{2} + \frac{1}{2} = 1 + \frac{1}{2} \times 3$$

こうしてみると，一般的に

$$S_{2^k} > 1 + \frac{1}{2}k \qquad (3.31)$$

が成り立つだろうと推測されます．

　ここまでは，観測の結果から得た推論ですから，一歩すすんで，この推論が正しいことを証明しなければなりません．そのためには，43ページと同様に，数学的帰納法のお世話になるのがいいでしょう．式(3.31)は，$k$ が 2 のときには 4 項めまでの和は 25/12 だから

$$S_{2^2} > 1 + \frac{1}{2} \times 2 = 2$$

となって成立することがいまの計算でわかっています．つぎは，式(3.31)が成立するという仮定のもとに，$k$ が $k+1$ になっても式(3.31)が成立することを証明すれば，$k$ の値がいくらであっても，式(3.31)は常に成立することが証明できようというものです．

$$S_{2^{k+1}} = S_{2^k} + \left( \frac{1}{2^k+1} + \frac{1}{2^k+2} + \cdots\cdots + \frac{1}{2^{k+1}} \right)$$

$$> S_{2^k} + \underbrace{\left( \frac{1}{2^{k+1}} + \frac{1}{2^{k+1}} + \cdots\cdots + \frac{1}{2^{k+1}} \right)}_{2^{k+1} - 2^k = 2^k(2-1) = 2^k 個}$$

$$= S_{2^k} + 2^k \frac{1}{2^{k+1}} = S_{2^k} + \frac{1}{2}$$

式(3.31)の両辺に 1/2 を加えれば

$$S_{2^k} + \frac{1}{2} > 1 + \frac{1}{2}(k+1)$$

したがって

$$S_{2^{k+1}} > 1 + \frac{1}{2}(k+1)$$

であり，式(3.31)は，$k$ の値にかかわらず常に成立することが証明されました．そこで，$k$ の代りに $n$ と書き

$$S_{2^n} > 1 + \frac{1}{2}n \tag{3.32}$$

を常に成立する公式として使うことにしましょう．

　さて，話を〔級数D〕に戻します．

$$\sum \frac{1}{n} = 1 + \frac{1}{2} + \frac{1}{3} + \cdots + \frac{1}{n} + \cdots$$

〔級数D〕と同じ

の総計は，$S_{2^n}$ で $n \to \infty$ にした場合に相当しますから

$$\sum \frac{1}{n} > \lim_{n \to \infty}\left(1 + \frac{1}{2}n\right) = \infty \tag{3.33}$$

であり，残念ながら〔級数D〕は，∞へ発散してしまうことが明らかになってしまいました．

数列 $\{a_n\}$ は
収束します

それだけでは
不十分！

数列の収束は，級数の収束の
必要条件だが，十分条件ではない

　なんの話をしていたのか忘れてしまったかもしれません．ここまでのところを整理しましょう．級数$\sum a_n$が収束するためには，数列$\{a_n\}$がゼロに収束しなければなりませんが，数列$\{a_n\}$が収束しても，常に級数$\sum a_n$が収束するとは限りません．その証拠に

$$1 + \frac{1}{2} + \frac{1}{3} + \cdots\cdots + \frac{1}{n} + \cdots\cdots \qquad \text{〔級数D〕と同じ}$$

が∞に発散することが確認されてしまったのです．


## 級数が収束するためには

　どうやら深みにはまってしまったようです．級数$\sum a_n$が収束するためには，数列$\{a_n\}$がゼロに収束しなければなりませんが，それだけでは，級数$\sum a_n$が収束するとは保証できないというのです．それではいったい，級数$\sum a_n$が収束するかどうかを確実に判定するには，どうしたらよいのでしょうか．

　そのためには，級数$\sum a_n$のうち，はじめのほうから$n$項めまでを合計して

$$\sum_{n=1}^{n} a_n$$

を求め，$n \to \infty$になったときその値がどうなるか，つまり

$$\lim_{n \to \infty} \sum_{n=1}^{n} a_n$$

がどうなるかを調べてみるしかないのです．これが無限級数$\sum a_n$の総和なのですから．

　このルールを私たちはすでになに気なく使いました．それは

$$\sum ar^{n-1} = a + ar + ar^2 + \cdots\cdots$$

という等比級数の性質を調べるにあたって，まず，初項から第 $n$ 項までの和を

$$S = a\,\frac{1-r^n}{1-r}$$

という形で求め，そのうえで

$$\lim_{n\to\infty} a\,\frac{1-r^n}{1-r}$$

がどうなるかを吟味したのでした．級数の収束・発散を調べるには，このやり方が本手なのです．もっとも

$$\sum \frac{1}{n} = 1 + \frac{1}{2} + \frac{1}{3} + \cdots\cdots \qquad \text{〔級数D〕と同じ}$$

の場合には，このやり方が本手であることを知っていたとしても，$n$ 項までの和が容易に求められないので，ややこしい手法で発散することを確かめるはめになってしまったのですが……．

　では，本手も使いながら，いくつかの級数の収束・発散を調べてみることにしましょうか．

　いちばんはじめは

$$\frac{1}{2} + \frac{2}{3} + \frac{3}{4} + \cdots\cdots + \frac{n}{n+1} + \cdots\cdots \qquad \text{〔級数E〕}$$

です．この級数が発散することは，本手を使うまでもなく，一目してわかります．なぜって

$$\lim_{n\to\infty} \frac{n}{n+1} = \lim_{n\to\infty} \frac{1}{1+\dfrac{1}{n}} = 1 \qquad\qquad (3.34)$$

ときれいな答えは出るのですが，残念なことに，数列 $\{n/(n+1)\}$ がゼロには収束しないからです．このように，級数が収束するための必要条件さえも満たされないようでは，〔級数 E〕が収束するわけがないではありませんか．

つぎは

$$\frac{1}{1\cdot 2}+\frac{1}{2\cdot 3}+\cdots\cdots+\frac{1}{n(n+1)}+\cdots\cdots \qquad 〔級数 F〕$$

に挑戦です．まず

$$\lim_{n\to\infty}\frac{1}{n(n+1)}=0 \qquad (3.35)$$

ですから，〔級数 F〕が収束するための必要条件は整っているので，この級数がきれいに収束するのではないかと楽しみです．あとは本手を使って，ほんとうに収束するかどうかを確かめてみるだけです．そのためには，〔級数 F〕の $n$ 項までの和を求めなければなりませんが，このままの形で 1 項めから $n$ 項めまでを通分して分子を合計しようとしたら，気が遠くなるほどの作業が必要です．そこで，ちょっとしたくふうをします．頭は生きているうちに使わなければいけません．で，$1/n(n+1)$ を部分分数に分解し[*]

$$\frac{1}{n(n+1)}=\frac{1}{n}-\frac{1}{n+1} \qquad (3.36)$$

---

[*] $n$ の 2 次式を分母に持つ分数は，いつでも $n$ の 1 次式を分母に持つ分数 2 個にばらすことができます．同様に，分母が $n$ の 3 次式は $n$ の 1 次式を分母とする分数 3 個に，分母が $n$ の 4 次式なら 4 個に……と，ばらすことができ，これを **部分分数** に分解するといいます．詳しくは『微積分のはなし(上)【改訂版】』238 ページ，『関数のはなし(上)【改訂版】』109 ページなどをごらんください．

という性質を利用して〔級数 F〕を書き直してみましょう. そうすると

$$\frac{1}{1 \cdot 2} = \frac{1}{1} - \frac{1}{2}, \quad \frac{1}{2 \cdot 3} = \frac{1}{2} - \frac{1}{3}, \quad \text{etc.}$$

ですから, 〔級数 F〕の $n$ 項までの和は

$$\left(1 - \frac{1}{2}\right) + \left(\frac{1}{2} - \frac{1}{3}\right) + \left(\frac{1}{3} - \frac{1}{4}\right) + \cdots\cdots + \left(\frac{1}{n} - \frac{1}{n+1}\right)$$

となり, うまいぐあいに（　）の中の 2 項めは, つぎの（　）の中の 1 項めと消し合うので, 結局, いちばん左の（　）の 1 項めといちばん右の（　）の 2 項めだけが生き残り

$$= 1 - \frac{1}{n+1}$$

となります. ここまでくれば, しめたものです. 本手を使えば

$$\lim_{n \to \infty} \left(1 - \frac{1}{n+1}\right) = 1 \tag{3.37}$$

ですから, 〔級数 F〕は, 見事に 1 に収束することが判明しました.

　3 番めの問題は

$$1 + \frac{1}{1+2} + \frac{1}{1+2+3} + \cdots\cdots + \frac{1}{1+2+3+\cdots\cdots+n} + \cdots\cdots$$

$$\text{〔級数 G〕}$$

です. 前間では分母が 2 つの数字の積でしたが, こんどは和になってます. これは恐くないにしても, 分母を構成する数字のかずがどんどん増えていくのが不気味です. けれども

$$1 + 2 + 3 + \cdots\cdots + n = \frac{1}{2}n(n+1) \qquad (2.28)\text{と同じ}$$

であったことに気がつけば

$$\frac{1}{1+2+3+\cdots\cdots+n} = \frac{2}{n(n+1)} \tag{3.38}$$

ですから，分母は2つの値の積にしかすぎないことがわかり，不気味さは解消します．そこで，$2/n(n+1)$ を部分分数にばらしてみましょう．やっかいな形の分数式に遭遇したときには，部分分数に分解することによって少しでも単純な形の分数式に変えるのが，級数を扱うときばかりではなく，数学では常套手段なのです．そうすると

$$\frac{2}{n(n+1)} = \frac{2}{n} - \frac{2}{n+1} \tag{3.39}$$

であることがわかり，この性質によって

$$\underset{\text{($n$ が1のとき)}}{\frac{1}{1} = \frac{2}{1} - \frac{2}{2}}, \quad \underset{\text{($n$ が2のとき)}}{\frac{1}{1+2} = \frac{2}{2} - \frac{2}{3}}, \quad \underset{\text{($n$ が3のとき)}}{\frac{1}{1+2+3} = \frac{2}{3} - \frac{2}{4}}, \text{ etc.}$$

ですから，〔級数 G〕の $n$ 項までの和は

$$\left(2 - \frac{2}{2}\right) + \left(\frac{2}{2} - \frac{2}{3}\right) + \left(\frac{2}{3} - \frac{2}{4}\right) + \cdots\cdots + \left(\frac{2}{n} - \frac{2}{n+1}\right)$$

$$= 2 - \frac{2}{n+1} \tag{3.40}$$

となります．したがって，〔級数 G〕は

$$\lim_{n\to\infty} \left(2 - \frac{2}{n+1}\right) = 2 \tag{3.41}$$

であり，きれいに2に収束しました．めでたし，めでたし……．

　最後は，肩をほぐすためのちょっとしたクイズです．入れ子構造のおもちゃのマトリョーシカ人形のように，箱の中に箱があり，そ

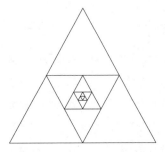

**図 3.4　チャイニーズ三角形**

の箱の中にまた箱があり，その中にまたまた箱がある……とつづくおもちゃをチャイニーズ・ボックスというそうですが，私たちのクイズはチャイニーズ三角形です．図 3.4 のように，三角形の中に相似形の三角形が逆向きに内接し，その中にまた相似の三角形が……

と無限につづいていると思ってください．このとき，いちばん外側の三角形の面積を 1 とすると，無限個の三角形の面積はぜんぶでいくらでしょうか．また，外側の三角形の周囲の長さが 1 なら，無限個の三角形の周囲を総計するといくらになるでしょうか．

　この答えは，とても簡単です．なにしろ，肩をほぐすためのクイズにすぎないのですから．

　いちばん外側の三角形に較べると，それに内接する 2 番めの三角形は面積が 1/4，周囲の長さは 1/2 になっています．2 番めと 3 番めの三角形にも同じ関係がありますし，以下，同様です．したがって，チャイニーズ三角形の面積の総計は

$$1 + \frac{1}{4} + \left(\frac{1}{4}\right)^2 + \left(\frac{1}{4}\right)^3 + \cdots\cdots$$

で表わされますし，周囲の長さの総計は

$$1 + \frac{1}{2} + \left(\frac{1}{2}\right)^2 + \left(\frac{1}{2}\right)^3 + \cdots\cdots$$

で表わされます．これらはいずれも等比級数であり，公比がコンマ以下の値ですから，一定の値に収束するはずです．そして，その値

が面積については 4/3，周囲の長さについては 2 であることは，式
(3.30)あたりで計算すれば数秒で求まるでしょう．


## 最後の力投

　この章はずいぶん長くなってしまいました．ひとつだけ気になっ
ていることを解決して終わりにしたいと思います．

　この章の 90 ページあたりで

$$1 + \frac{1}{2} + \frac{1}{3} + \cdots\cdots + \frac{1}{n} + \cdots\cdots \qquad 〔級数 D〕と同じ$$

は無限大に発散すると書きました．ところが，物覚えのいい方は前
章の 50 ページあたりに

$$\frac{1}{1^2} + \frac{1}{2^2} + \frac{1}{3^2} + \cdots\cdots + \frac{1}{n^2}$$

は，$n$ がどんどん大きくなっても決して 2 を越すことはない，と書
いてあったのを覚えておられるかもしれません．つまり

$$\sum \frac{1}{n^\alpha} = \frac{1}{1^\alpha} + \frac{1}{2^\alpha} + \frac{1}{3^\alpha} + \cdots\cdots + \frac{1}{n^\alpha} + \cdots\cdots \qquad 〔級数 H〕$$

は，$\alpha$ が 1 なら ∞ に発散するけれども，$\alpha$ が 2 なら収束するという
のです．いったい，どこに発散と収束の別れ目があるのでしょう
か．潔癖症の方は，気になって夜も眠れないかもしれません．そこ
で，87 ページのあたりと似たようなアプローチで，〔級数 H〕が収
束する条件を究明してみる気になりました．

　前と同じように，〔級数 H〕の $n$ 項までの和を $S_n$ と書き，こん
どは，$S_1$，$S_{2^2-1}$，$S_{2^3-1}$，……を調べていきます．ただし

$$\alpha > 1$$

とします．なにしろ，$\alpha = 1$ なら発散し，$\alpha = 2$ なら収束することがわかっていますから，発散と収束の別れ目を見つけるには，$\alpha > 1$ の範囲を調べればじゅうぶんですから．

$$S_1 = 1$$

$$S_{2^2-1} = S_1 + \frac{1}{2^\alpha} + \frac{1}{3^\alpha} < S_1 + \frac{1}{2^\alpha} + \frac{1}{2^\alpha}$$

$$= S_1 + \frac{2}{2^\alpha} = 1 + \frac{1}{2^{\alpha-1}}$$

$$S_{2^3-1} = S_{2^2-1} + \frac{1}{4^\alpha} + \frac{1}{5^\alpha} + \frac{1}{6^\alpha} + \frac{1}{7^\alpha}$$

$$< S_{2^2-1} + \frac{1}{4^\alpha} + \frac{1}{4^\alpha} + \frac{1}{4^\alpha} + \frac{1}{4^\alpha}$$

$$= S_{2^2-1} + \frac{4}{4^\alpha} = S_{2^2-1} + \frac{1}{4^{\alpha-1}}$$

$$= S_{2^2-1} + \left(\frac{1}{2^{\alpha-1}}\right)^2 < 1 + \frac{1}{2^{\alpha-1}} + \left(\frac{1}{2^{\alpha-1}}\right)^2$$

こうして，一般的に

$$S_{2^k-1} < 1 + \frac{1}{2^{\alpha-1}} + \left(\frac{1}{2^{\alpha-1}}\right)^2 + \cdots\cdots + \left(\frac{1}{2^{\alpha-1}}\right)^{k-1} \tag{3.42}$$

が成立しそうだと見当がつきました．数学的帰納法でこれが証明できれば，もっけの幸いという次第です．

まず，$k$ が 2 のときに式(3.42)が成立することは

$$S_3 = 1 + \frac{1}{2^\alpha} + \frac{1}{3^\alpha} < 1 + \frac{1}{2^\alpha} + \frac{1}{2^\alpha} = 1 + \frac{1}{2^{\alpha-1}}$$

となって明らかです．そこで，式(3.42)が成立するという仮定のもとに，$k$ が $k + 1$ になっても依然としてこの式が成立することを証明してみます．

$$S_{2^{k+1}-1} = S_{2^k-1} + \frac{1}{(2^k)^\alpha} + \frac{1}{(2^k+1)^\alpha} + \cdots\cdots + \frac{1}{(2^{k+1}-1)^\alpha}$$

$$< S_{2^k-1} + \underbrace{\frac{1}{(2^k)^\alpha} + \frac{1}{(2^k)^\alpha} + \cdots\cdots + \frac{1}{(2^k)^\alpha}}_{(2^{k+1}-1)-(2^k-1)=2^k \text{ 個}}$$

$$= S_{2^k-1} + 2^k \frac{1}{(2^k)^\alpha} = S_{2^k-1} + \frac{1}{(2^k)^{\alpha-1}}$$

$$= S_{2^k-1} + \left(\frac{1}{2^{\alpha-1}}\right)^k$$

ここで，式(3.42)を代入すると

$$S_{2^{k+1}-1} < 1 + \frac{1}{2^{\alpha-1}} + \left(\frac{1}{2^{\alpha-1}}\right)^2 + \cdots\cdots + \left(\frac{1}{2^{\alpha-1}}\right)^{k-1} + \left(\frac{1}{2^{\alpha-1}}\right)^k$$

となります．見てください．この式は，式(3.42)の $k$ の代りに $k + 1$ としたものではありませんか．こうして式(3.42)が常に成立することが証明されましたから，$k$ の代りに $n$ と書き

$$S_{2^n-1} < 1 + \frac{1}{2^{\alpha-1}} + \left(\frac{1}{2^{\alpha-1}}\right)^2 + \cdots\cdots + \left(\frac{1}{2^{\alpha-1}}\right)^{n-1} \tag{3.43}$$

を公式とみなすことにしましょう．

　ところで，式(3.43)の右辺は，$1/2^{\alpha-1}$ を公比とする等比級数です．したがって，$n$ 項までの和は

$$\frac{1-\left(\dfrac{1}{2^{\alpha-1}}\right)^{n}}{1-\dfrac{1}{2^{\alpha-1}}}$$

となります．ここで話を〔級数H〕に戻すと

$$\sum\frac{1}{n^{\alpha}}=\frac{1}{1^{\alpha}}+\frac{1}{2^{\alpha}}+\frac{1}{3^{\alpha}}+\cdots\cdots+\frac{1}{n^{\alpha}}+\cdots\cdots$$

〔級数H〕と同じ

の総計は，$S_{2^{n}-1}$ において $n\to\infty$ にした場合であることは明らかですから

$$\sum\frac{1}{n^{\alpha}}<\lim_{n\to\infty}\frac{1-\left(\dfrac{1}{2^{\alpha-1}}\right)^{n}}{1-\dfrac{1}{2^{\alpha-1}}} \tag{3.44}$$

にちがいありません．いまは $\alpha>1$ の場合についてだけ考えればいいので，$2^{\alpha-1}>1$ であり，したがって

$$\lim_{n\to\infty}\left(\frac{1}{2^{\alpha-1}}\right)^{n}=0$$

となりますから

$$\sum\frac{1}{n^{\alpha}}<\lim_{n\to\infty}\frac{1-\left(\dfrac{1}{2^{\alpha-1}}\right)^{n}}{1-\dfrac{1}{2^{\alpha-1}}}=\frac{1}{1-\dfrac{1}{2^{\alpha-1}}} \tag{3.45}$$

であることが判明しました．このように

$$\sum \frac{1}{n^{\alpha}} = \frac{1}{1^{\alpha}} + \frac{1}{2^{\alpha}} + \frac{1}{3^{\alpha}} + \cdots\cdots + \frac{1}{n^{\alpha}} + \cdots\cdots$$

〔級数H〕と同じ

は，$\alpha > 1$でありさえすれば有限の値に収束するのです．

$$1 + \frac{1}{2} + \frac{1}{3} + \cdots\cdots + \frac{1}{n} + \cdots\cdots$$

は，ちょうど$\alpha = 1$の場合に相当し，ここが発散と収束の分かれ目でありました．

　ほんとに，ほんとに，ご苦労さまでした．

# 4. それは数か状態か

―― ゼロと無限のはなし ――

## ゼロの発見

人物のスケールは，いっしょうけんめいに勉強して修養していれ
ば，だんだんと連続的に大きくなるというものではなく，苦難を克
服したり，新しい体験を消化して吸収したときなどに階段的に成長
するようです．同様に数学や物理学などの自然科学も，新しい概念
や事実の発見を契機にして，一段と高いレベルへ飛躍することが多
いようです．

古代の数学に飛躍的な前進をもたらしたものは，‘ゼロ’の発見
であったといわれています．考えてもみてください．私たちおとな
は，0は1や2や3などと同じように，まったくありふれた数字の
ように思いますが，数の概念が完全に白紙である幼児にとって，0
はなんと理解しにくい数でしょうか．1や2などは，指の数とか菓
子や積み木の数などの実例から，それに共通な個数を認識すること
によって，個数を抽象化した‘数’が，比較的容易に理解できるに
ちがいありません．けれども，ゼロは‘ない’のです．この‘ない’
という状態を0という数として理解するには，観念上の飛躍が必要

になります. だから, ゼロは幼児にとってはなんとも理解しにくい概念であるにちがいないのです.

数の概念がまったく白紙であった古代の人類が, '数'をひとつひとつ会得していく過程で, 幼児が'数'を習得していく場合とまったく同種の困難を乗り越えなければならなかったことは, 想像に難くありません. そして, 'ない'という状態を0という数として認識したとき, 人類はマイナスの数やコンマ以下の数などを会得するための準備がととのったといっても過言ではないのです.

数としてのゼロを会得したのにつづいて, 0という文字を位取りに使った数の書き方——きどった言い方をするなら, **記数法**——がインドで誕生し, それが数を記録したり計算したりすることに革新的な飛躍をもたらしました. たとえば, 二千七十のことを私たちは当たり前のように2070と書きます. この場合, 右端の0は一の桁がゼロであることを示し, 左から2番めの0は百の桁がゼロであることを意味しているのですが, もし位取りに0という字を使えないとしたら, どう書き表わしたらいいでしょうか. いろいろな迷案や珍案があるかもしれませんが, 2070よりスマートで便利な表現法は, まず見出せないはずです.

0を位取りに使った記数法は, このように数の記録に適していると同時に, 0と1, 2, ……, 9の十文字による記数法は, 数どうしの演算にも最適です. たとえば, 私たちは

$$263 \times 807$$

を右表のような手順で計算することにすっかり馴れています. けれども, これがローマ数

**表 4.1 いとも簡単に**

```
        263
  ×     807
      1841
     2104
   212241
```

字で

$$\underbrace{\text{CC}}_{二百}\underbrace{\text{L}}_{五十}\underbrace{\text{X}}_{十}\underbrace{\text{III}}_{三} \quad \times \quad \underbrace{\text{D}}_{五百}\underbrace{\text{CCC}}_{三百}\underbrace{\text{V}}_{五}\underbrace{\text{II}}_{二}$$

と書かれていたら，掛け算はどのような手順で運んだらいいのでしょうか．

　こういうわけですから，ゼロという概念を発見し，その概念を 0 という数字で表わし，同時にその 0 を位取りにも使用したことが，数学の進歩に比類のない貢献をし，ひいては人類の文化の偉大なマイルストーンになったということができます*．

## ゼロを含む計算

　いくらかタチの悪いひっかけクイズなのですが，つぎの計算を見てください．等しい値，$a$ と $b$ があるとします．

$$a = b$$

両辺に $ab$ をかける $\qquad a^2b = ab^2$

両辺から $a^3$ をひく $\qquad a^2b - a^3 = ab^2 - a^3$

因数に分解する $\qquad a^2(b-a) = a(b^2 - a^2)$

$$= a(b+a)(b-a)$$

両辺を $b-a$ で割る $\qquad a^2 = a(b+a) = ab + a^2$

したがって $\qquad 0 = ab$

---

\* 『零の発見』，吉田洋一著，岩波新書，に詳しく紹介されています．1939 年に初版が発行された古い本ですが，改版が重ねられ，今でも入手可能な超ロングセラーです．

つまり，2つの数が等しければ，その2つをかけ合わせるとゼロになるというのです．具体例でいうなら，3=3 なら 3×3=0 だというのですが，そんなバカな……*．なぜ，このような珍事が起こってしまったのでしょうか．

計算の過程を見てください．途中に「両辺を $b-a$ で割る」というくだりがあります．ここが珍事を起こした元兇です．はじめに $a=b$ とおいたのですから

$$a-b=b-a=0$$

なのです．したがって，このくだりでは両辺をゼロで割っていることになります．前の章でも，その前の章でも，数学ではゼロで割ることは絶対に許されない禁手だと書いてきました．その禁手を，ここで犯しているのがいけないのです．

では，なぜゼロで割ることが絶対に許されないほどの禁手なのでしょうか．その理由は，つぎのとおりです．いま，$A$ をゼロで割った値が？であるとしてみましょう．

$$\frac{A}{0} = ?$$

これは，？に 0 を掛けたら $A$ になるような？は何か，つまり

$$? \times 0 = A$$

という演算を表わしています．そこで，この式の意味をよく考えて

---

* この手の計算は，くふうするといくらでも作れます．たとえば，$x=1$ とすると

$$x^2-x=x^2-1 \qquad \therefore \quad x(x-1)=(x+1)(x-1)$$

両辺を $(x-1)$ で割ると $\qquad x=x+1$

$x=1$ だから $\qquad\qquad\qquad 1=2\ ?!$

いろいろと作ってみてください．そして，傑作ができたら発表してください．

**数学にはいろいろな禁手がある**

みてください. もし *A* がゼロであれば, ？はどのような値でもかまいません. どのような値でも, それにゼロを掛ければゼロになってしまうからです. *A* がゼロでなければ, このような関係を成立させる？は存在しません. どんな？を準備してもゼロを掛けるとゼロになってしまい, ゼロではない *A* と等しくはならないからです. このように, ？は存在しないか, あるいは, どんな値でもいいのです. こんな無責任な？の存在を許したのでは数学が破綻してしまいますから, 数学では「ゼロで割る」ことは禁手なのです[*].

　ところで, 10 行ほど前に

$$\frac{A}{0} = ?$$

という場合の演算, 「*A* がゼロであれば, ？はどのような値でもいい」そして「*A* がゼロでなければ, ？は存在しない」と書いてきました. すなわち, ゼロで割ることは禁手であるにしても, *A* がゼロである

---

[*]　さらに詳しくは, 『関数のはなし(上)【改訂版】』93 ページあたりを見てください.

か否かによって禁手である理由が異なるということです. そこで

$$0 \div 0 = \text{不定}$$

$$A \div 0 = \text{不能} \quad (A \neq 0)$$

とを区別することもあります. $0 \div 0$ の場合は「どのような値でも
いい」に相当するし, $A \div 0$ の場合は「そのような値は存在しない」
に相当するからです.

　ゼロでの割り算にばかりこだわってきましたが, ゼロを含むほか
の演算にも目を向けておきましょう. まず, 掛け算です.

$$A \times 0 =$$

は, $A$ がまったく存在しない状態を表わします. 'ない'という状
態は $0$ という数として認識するという約束にしたがって, この答え
は $0$ です. では

$$0 \times 0 =$$

は, どうでしょうか. これは 'ない'という状態が 'ない'のです
から, 答えは決定的に $0$ です. $0$ と $0 \times 0$ では $0 \times 0$ のほうがいっそ
う深刻に $0$ であり, 同じ $0$ でも, $0$ と $0 \times 0$ の間には程度の差があ
るのではないかと深刻に悩む方がおられるかもしれません. しか
し, $0$ は状態ではなく数ですから, $0$ に変りはありません.

　つぎへ進みます. 57 ページのあたりで, ある値のゼロ乗は $1$ と
約束する, と書きました. すなわち

$$A^0 = 1 \tag{4.1}$$

と約束するというのですが, この理由は, つぎのとおりです.

　まず, 図 4.1 を見ていただきましょうか. 図は

$$y = A^x \tag{4.2}$$

の曲線たちです. $A$ が 0.5, 1, 2, 3 の場合について, $x$ の変化に

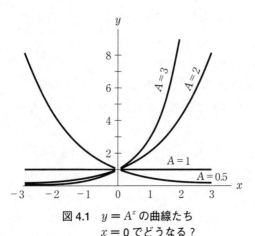

**図 4.1**　$y = A^x$ の曲線たち
$x = 0$ でどうなる？

つれて $A^x$ がどのような値になるかを示してあります．ただし，$x$ がゼロでないところでは，ふつうのやり方で $A^x$ が計算できますが，$A^0$ の計算のし方がわからないので $x$ がゼロのところだけは曲線がとぎれています

す．けれども，この図を見ていただければ，よほどの天邪鬼（あまのじゃく）でない限り，$A$ がいくらであっても $A^0$ は 1 と決めることに同意いただけるにちがいありません．

それに，指数計算の法則によれば[*]

$$A^n \times A^{-n} = A^{n-n} = A^0 \tag{4.3}$$

ですし，また

$$A^n \times A^{-n} = \frac{A^n}{A^n} = 1 \tag{4.4}$$

ですから，この両方を較べてみると

$$A^0 = 1 \qquad\qquad\qquad \text{(4.1) と同じ}$$

でないとつじつまが合いません．このように，$A^0 = 1$ とすれば数学

---

[*]　指数関数の演算については，『関数のはなし（上）』170 ページあたりをどうぞ．

上の取り決めがすべてうまくいくので, $A^0 = 1$ と約束するのです. ある値をゼロ乗するという行為は, 現象的には理解しにくいかもしれませんが, 数学上の約束ごととして, 数学の理論体系の中にぴったりと居心地よくはめこまれているといえましょう.

同じような性格をもつ約束ごとには

$$0! = 1 \tag{4.5}$$

$$_nC_0 = 1 \tag{4.6}$$

などがあります. $n!$ という記号は **n の階乗** と呼ばれて

$$n! = 1 \times 2 \times 3 \times \cdots\cdots \times n \tag{4.7}$$

を表わします. それなら, $0!$ とはいったいなんでしょうか. また, $_nC_r$ という記号は, $n$ 個の中から $r$ 個を取り出す組合せの数を表わしますから, $_nC_0$ は $n$ 個の中からゼロ個を取り出す組合せの数であり, ゼロ個を取り出すという意味がよくわかりません. けれども, $0!$ も $_nC_0$ も, 1 と約束すると数学の体系の中にとても気持ちよく納まるので, こう約束するのです.

なお, $0!$ と $_nC_0$ については, また後ほど再会する予定ですので, 詳しい説明はその折までお待ちください.


## 奇怪な世界 '無限'

意地っ張りな 2 人が大きな数をいい合っています.

「九千九百九十九京　九千九百九十九兆　九千九百九十九億　九千九百九十九万　九千九百九十九」

「それより 1 つ大きい数」

「それよりさらに 1 つ大きい数」

「それより1つ大きい数」

..........................................

これでは，いつになってもきりがありません．万，億，兆，京のうえにはさらに垓，秭，穣，……などの単位がありますが\*，この意地っ張り氏は京までしか知らなかったとみえて，そこから数字がスタートしています．けれども，どこからスタートしたとしても「それより1つ大きい数」が必ず存在し，さらにその上にも「1つだけ大きい数」があり，さらに……と，どこまでも際限なく続いていきます．つまり，無限に数が存在するわけです．

　このように，有限の数をどんどん大きくしていった先に無限があることは事実なのですが，けれども‘無限’は‘有限’とはまったく異なった別の世界です．有限の世界で通用する常識が，無限ではまるで通用しないことが少なくありません．たとえば，全体を2つの部分に分けてみたら，分割された2つの‘部分’がそれぞれ‘全体’と同じ大きさになっていたりするので驚きです．うそだろうと疑う方は，つぎへ読み進んでください．

　自然数の集まりを考えます．

$$\{1,\ 2,\ 3,\ 4,\ 5,\ \cdots\cdots,\ n,\ \cdots\cdots\}$$

これを自然数の**集合**と呼ぶのですが，前にも書いたように，どんなに大きな自然数を考えても，それより1つだけ大きな自然数が必ず存在しますから，自然数の個数は無限です．つぎに，偶数の集合を考えます．

$$\{2,\ 4,\ 6,\ 8,\ 10,\ \cdots\cdots,\ 2n,\ \cdots\cdots\}$$

---

\*　万，億，兆，京，……につづく大きな単位や，分，厘，毛，……につづく
　小さな単位を付録2に書いておきました．英語の場合も含めて……．

どんなに大きな偶数を考えても，そのつぎの偶数が必ず存在しますから，偶数の個数も無限です．それでは，自然数と偶数とを順に1つずつペアを組ませてください．

$$1, \quad 2, \quad 3, \quad 4, \quad 5, \quad \cdots\cdots, \quad n, \quad \cdots\cdots$$
$$\updownarrow \quad \updownarrow \quad \updownarrow \quad \updownarrow \quad \updownarrow \qquad\quad \updownarrow$$
$$2, \quad 4, \quad 6, \quad 8, \quad 10, \quad \cdots\cdots, \quad 2n, \quad \cdots\cdots$$

右のほうへいくらいっても，必ずペアが成立していることを疑う余地はありません．どちらかが足りなかったり余ったりすることは決してないのです．ということは，自然数の個数と偶数の個数とが同じであることを意味します．

　同じように，自然数と奇数にペアを組ませてみると

$$1, \quad 2, \quad 3, \quad 4, \quad 5, \quad \cdots\cdots, \qquad n, \quad \cdots\cdots$$
$$\updownarrow \quad \updownarrow \quad \updownarrow \quad \updownarrow \quad \updownarrow \qquad\quad \updownarrow$$
$$1, \quad 3, \quad 5, \quad 7, \quad 9, \quad \cdots\cdots, \quad 2n-1, \cdots\cdots$$

のように過不足なく集団見合いが成功しますから，自然数の個数と奇数の個数も等しい……．そして，偶数と奇数とを付き合わせてみても

$$2, \quad 4, \quad 6, \quad 8, \quad 10, \quad \cdots\cdots, \qquad 2n, \quad \cdots\cdots$$
$$\updownarrow \quad \updownarrow \quad \updownarrow \quad \updownarrow \quad \updownarrow \qquad\quad \updownarrow$$
$$1, \quad 3, \quad 5, \quad 7, \quad 9, \quad \cdots\cdots, \quad 2n-1, \cdots\cdots$$

のように，ぴったりと同数であることが確認できます．つまり，自然数の集合を2つの部分——偶数集合と奇数集合——に分割しても，分割されたそれぞれの部分には，元の全体と同じ個数の要素が含まれています．このように，有限の世界では考えられないような奇怪なことが，無限の世界では起こるのです．

## 無限は均一に無限か

前節では自然数についてだけ考えていました．自然数は1つおきのとびとびの値です．けれども私たちは，自然数の間にもたくさんの数字がぎっしりと詰まっていることを知っています．たとえば1と2の間には，1.1とか1.53とか1.7245，……のような，はんぱな数が無数に存在します．これらの数の個数は，自然数の個数よりもずっと多いように思えます．もしそうなら，自然数の個数の無限よりも大きな無限が存在するのですから，一口に無限といっても，大きな無限と小さな無限があることになるはずですが，はて，どうでしょうか．

自然数のつぎに私たちにとって身近なのは分数です．そして，分子と分母に適当な数を使えば，どのような数でもほぼ近い値を作り出すことができます．たとえば，$\pi = 3.14159265\cdots\cdots$は，あとで述べるように分数計算では絶対に作り出せない無理数なのですが，分子と分母にたった3桁の数字を使っただけで

$$\frac{355}{113} = 3.14159292\cdots\cdots$$

のように，小数第6位まで$\pi$に等しくなります．こういうわけですから，自然数の間に詰め込まれた無数の数値のほとんどは，分数で表わされるように思われますが……．

ところがです．なんとしたことか，分数の個数は自然数の個数と同じだけしかないのです．その証拠は，つぎのとおりです．

まず，分母が1の分数を1行めに，分母が2の分数を2行めに，……と，つぎのように書き並べてください．

|       |       |       |       |      |
|-------|-------|-------|-------|------|
| 1/1   | 2/1   | 3/1   | 4/1   | …… |
| 1/2   | 2/2   | 3/2   | 4/2   | …… |
| 1/3   | 2/3   | 3/3   | 4/3   | …… |

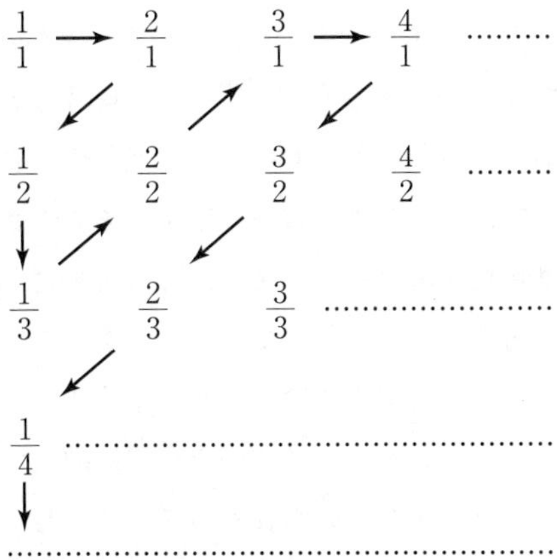

この表を右のほうへ限りなく，下のほうへも限りなく書きつづければ，すべての正の分数がこの表の中に含まれてしまいます．3.5/0.123 というような分数は，分子分母を 1000 倍してみれば 3500/123 となりますから，この表の 123 行め，3500 番めに並んでいるはずです．

**図 4.2　分数の順序づけ**

つぎに，図 4.2 の矢印によって，これらの分数に順序をつけてください．ただし，1/2, 2/4, 3/6, ……などは同じ分数なので，重複するものはとばしていくことにしましょう．分数の順序づけができたら，その順序に自然数とペアを組ませていきます．

|     |     |     |     |       |     |     |     |
|-----|-----|-----|-----|-------|-----|-----|-----|
| 1/1 | 2/1 | 1/2 | 1/3 | (2/2) | 3/1 | 4/1 | …… |
| ↕   | ↕   | ↕   | ↕   | ↕     | ↕   | ↕   |     |
| 1   | 2   | 3   | 4   | (とばす) | 5   | 6   | …… |

さあ，見てください．分数の列は右のほうへ限りなく続いていきます．けれども，それとペアを組む自然数のほうだって，右のほうへ

限りなく続いていきますから，決して自然数が不足するためにペアが組めないことなど起こりません．なにしろ，自然数は無限にあるのですから……．こうしてみると，分数の個数と自然数の個数とがぴったり等しいことは明らかです*.

ところで，一列に並べた分数に 1，2，3，……という自然数を対応させた行為を反すうしていただけませんか．これはまさに 'かぞえる' という行為そのものです，かぞえるという行為は，いうなれば順に番号を付けていく行為にすぎません．そこで，自然数の集合はもちろんのこと，偶数，奇数，分数のように番号を付けることができる集合を**可算集合**または**可付番集合**といいます．可付番集合と呼ぶのは**番号**を**付ける**ことが**可能**な集合だからでしょう．番号を付けるという行為は，集合と一対一の対応をつけることを意味するので，すなわちそれは「かぞえる」という行為にほかならず，**数える**ことが**可能**な集合という意味で可算集合といわれるのです．そして，可算集合でありさえすれば要素の数はみな同じです．この要素の数を——集合論では濃度というのですが——$\aleph_0$ と書いて表わします．$\aleph$ は見なれない記号ですが，ヘブライ語の最初の文字であり，アレフと読みますから，$\aleph_0$ はアレフ・ゼロと読んでください**.

---

* 分数にはマイナスのものもあるはずだと気付かれた方は，図 4.2 の分数を奇数の自然数とペアを組ませ，これらの分数にいっせいにマイナス符号をつけたものを偶数の自然数と組ませてみてください．

** 詳しくは，『論理と集合のはなし【改訂版】』などをどうぞ．

## もっと大きな無限がある

自然数はとびとびの値です．けれども，いくらでも大きい自然数が無限に存在し，その無限さの程度は $\aleph_0$ です．いっぽう，とびとびの自然数のすき間にはたくさんの分数がぎっしりと詰まっているので，当然，分数のほうが自然数よりずっと多いにちがいないと思って調べてみると，意外なことに分数も自然数と同数であり，無限さの程度はやはり $\aleph_0$ でした．なにしろ，無限の世界のことですから，いろいろなミステリーが起こります．

では，$\aleph_0$ より大きい無限は存在しないのでしょうか．存在するとすればどこにあるのでしょうか．実は，チルチルとミチルが探し求めた青い鳥のように，ごく身近にあるのです．それは，無理数まで含めた実数全体の集合です．

話の順序として，私たちが使用する数にどのような種類があるかを思い出しておきましょう．

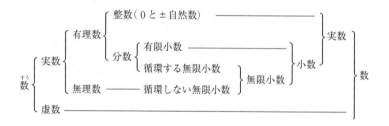

虚数は２乗するとマイナスになるようなへんな数ですから，ひとまず脇におくことにします．そうすると，実数には有理数と無理数があることになります．有理数は，１おきにとびとびの整数と，そ

のすき間にぎっしりと詰まっている分数とからなっていますし，分数には，あとできちんと証明するつもりですが，5/8 = 0.625 のように割り切れて有限小数になるものと，循環小数になるものとがあります．つまり，分数は有限小数か循環小数かの限られた値でしかあり得ないのです．

こうしてみると，とびとびの整数のすき間を分数がべったりと埋めつくしていると思ったのは誤まりであり，小刻みではありますが，しょせんは分数もとびとびの値にしかすぎません．このとびとびの有理数の間を，分数では決して表わすことができない無理数がべったりと埋めつくしています．$\sqrt{2}$ とか $\pi$ なども，この無理数の仲間ですから，ムリな数だからといって敬遠するわけにはいきません．

さて，話を元に戻します．自然数や分数の無限さの程度は $\aleph_0$ でしたが，$\aleph_0$ よりも大きな無限のひとつが実数集合なのです．それを証明してみますから，付き合ってください．

まず，それぞれ異なった無限小数を無限に書き並べます．見やすいように 0 と 1 の間の値に統一してありますが，なにしろ数字が循環しなければいけないなどという束縛はいっさいなく，コンマ以下に無限の数字を並べていいのですから，無限にたくさんの種類の無限小数を書くことができる理屈です．つぎに，書き並べられた無限小数に自然数とペアを組ませます．これで，最後まで過不足なく自然数とペアを組ませることができたと仮定しましょう．つまり，無限小数の集合が可算集合であると仮定するのです．この仮定は重要ですから，必ず覚えておいてください．なにしろ，この仮定を否定せざるを得ない筋書きに追い込むことによって，実数集合の一部分にしかすぎない無限小数の集合が，可算集合ではないことを立証す

るつもりなのですから…….

　では，作業にかかります.

$$0.24032499\cdots\cdots \quad \leftrightarrow 1$$
$$0.95277163\cdots\cdots \quad \leftrightarrow 2$$
$$0.61827658\cdots\cdots \quad \leftrightarrow 3$$
$$0.77630702\cdots\cdots \quad \leftrightarrow 4$$
$$0.02441386\cdots\cdots \quad \leftrightarrow 5$$
$$\cdots\cdots\cdots\cdots\cdots\cdots \quad \cdots\cdots$$

無限小数を無限個も書くのは実行不可能な作業ですから，この程度に省略しておきましょう. つづいて，1番めの無限小数からはコンマ以下1桁めにある2を，2番めの無限小数からはコンマ以下2桁めにある5を，3番めの無限小数からは3桁めの8を……というぐあいに数字を取り出し，それらを並べて新しい無限小数

$$0.25831\cdots\cdots$$

を作ってください. こうしておいて，この新しく作られた無限小数とすべての桁が別の値になるような無限小数を作ります. たとえば，各桁の値に1ずつ加えて(9は0にする)

$$0.36942\cdots\cdots$$

としてみましょうか.

　おもしろいことに，こうして誕生した無限小数は，さきほど書き並べた無限個の無限小数のどれとも同じではありません. なぜかというと，1番めの無限小数とは少なくともコンマ以下1桁めが異なるし，2番めの無限小数とは少なくとも2桁めが，3番めの無限小数とは少なくとも3桁めが異なるというように，$n$番めの無限小数とは，少なくとも$n$桁めが異なる別の無限小数だからです.

## 無限には無限の段階がある

　さあ，話がおもしろくなりました．自然数と過不足なくペアを組んだ無限個の無限小数のどれとも等しくない無限小数が，誕生してしまったのです．この無限小数とペアを組むべき自然数は，もう残っていないではありませんか．どうして話がこんなにもつれてしまったのでしょうか．

　話をおかしくしてしまった犯人は，無限小数が可算集合であるとした仮定です．そういう仮定をたてたので，無限小数を1番めとか2番めとか識別することが可能になり，1番めの無限小数からはコンマ以下1桁めの数字を，2番めの無限小数からは2桁めの数字を取り出し……，そのあげくにその順序どおりに数字を並べて新しい無限小数を作り……という作業が可能になってしまいました．そして，この作業が可能だという前提にたつと，可算集合であったはずの無限小数集合には含まれない無限小数が誕生してしまい，自然数との集団見合いに過不足が生じて，無限小数が可算集合であったことと矛盾するはめになります．だから，無限小数は自然数や分数のような可算集合ではありません．

循環しない無限小数は無理数です．したがって，無理数は可算ではなく，当然のことながら，無理数を含む実数も可算ではありません．ひと口に無限とはいっても，とびとびにしか存在しない有理数の個数と，べったりと存在する実数の個数とを較べたら，実数のほうが程度の大きな無限なのです．このようにべったりと存在するものの無限の程度を単に$\aleph$で表わします．

この調子で数学の専門家が調べあげたところによると，あらゆる無限集合のなかで可算集合はもっとも無限の程度が低く，可算集合ではない無限集合の無限の程度には，低いものから高いものまで無限の段階があり，最高に程度の高い無限などは存在しないのです．そして，可算集合では

$$\aleph_0 + \aleph_0 = \aleph_0$$

$$\aleph_0 \times \aleph_0 = \aleph_0$$

であり，また，べったりの無限集合でも

$$\aleph + \aleph = \aleph$$

$$\aleph \times \aleph = \aleph$$

であることもわかっています*.

---

* ‘無限’に関するこのような性質は，**集合論**によって明らかにされました．集合論は 1968 年の学習指導要領の改訂によって小・中学校の教科書に突如として登場しました．その後，「ゆとりと充実」をキーワードとした学習指導要領の改訂によって姿を消しましたが，2008 年の改訂によって再登場しました．そして，教師用指導書には「数の概念を深める」，「論理的な思考力を培う上で重要な考え方となる」などの記述がなされていますが，元はといえば，‘無限’の性質を調べるための理論が集合論であるといっても過言ではないくらいです．そういうわけですから，‘無限’については，『論理と集合のはなし【改訂版】』104 ページから 30 ページ余りも使って，たっぷりとおしゃべりさせていただいてますので，そちらをご覧ください．

けれども，私たちがふつうの数学で使う∞は，$\aleph_0$ も $\aleph$ も区別していません．ですから

$$\infty + \infty = \infty$$

$$\infty \times \infty = \infty$$

については，どっちみち無限に無限を加えたり掛けたりすれば，無限に程度の差があろうとなかろうと無限ですからかまいませんが，無限どうしの引き算や割り算の場合には，ぐあいが悪いのです．常識的に考えても，どちらの無限のほうが程度が激しいかによって答えが変わるはずですから

$$\infty - \infty = 0$$

$$\infty \div \infty = 1$$

などとやってはいけません．私たちの数学では，こういう計算はゼロで割る計算と同じように禁手なのです．

たとえば

$$\lim_{n \to \infty} \frac{n^3}{n-1} - \lim_{n \to \infty} \frac{n^2+1}{n-1} = \lim_{n \to \infty} \frac{n^2}{1-1/n} - \lim_{n \to \infty} \frac{n+1/n}{1-1/n}$$

$$= \infty - \infty = 0$$

とか

$$\lim_{n \to \infty} \frac{n^3}{n-1} - \lim_{n \to \infty} \frac{n^2+1}{n-1} = \lim_{n \to \infty} \frac{n^3-n^2-1}{n-1}$$

$$= \frac{\lim_{n \to \infty} (n^3-n^2-1)}{\lim_{n \to \infty} (n-1)} = \frac{\infty}{\infty} = 1^*$$

などと決してやらないよう，注意が肝要です．

なお，∞と0と掛け合わせると無限とゼロとがうまく消し合って

手ごろな定数が誕生しそうな感じもしますが，無限の程度もわから
ないのに勝手にそのような想像をしてはいけません．やはり

$$\infty \times 0 =$$

も，禁手のひとつなのです．

　以上のような次第ですから，私たちの数学では，'無限'は数で
はなく，状態とでも考えておくほうがいいでしょう．ここに，ゼロ
と無限の性格のちがいがあります．


## $\sqrt{2}$ はなぜ無理数か

　いままでに，なんべんも $\sqrt{2}$ や $\pi$ などは無理数であると書いてき
ましたが，なぜそのようなことが断言できるのでしょうか．無理数
とは分数では表わせない数のことですが，$\sqrt{2}$ や $\pi$ は，ほんとうに
分数で表わせないことが証明できるのだろうかと疑念が湧きません
か．疑いの気持ちなどいっさい持ち合わせないほど性格がすなおな
方も，このさい，無理してでも疑念を湧かせていただきたいので
す．$\pi$ のほうはあと回しにして，ここでは $\sqrt{2}$ が無理数であること
を証明してみようと志すのですから．

---

＊　2つの数列 $\{a_n\}$ と $\{b_n\}$ の極限の間に

$$\begin{cases} \lim_{n\to\infty} (a_n \pm b_n) = \lim_{n\to\infty} a_n \pm \lim_{n\to\infty} b_n \\ \lim_{n\to\infty} a_n b_n = \lim_{n\to\infty} a_n \cdot \lim_{n\to\infty} b_n \\ \lim_{n\to\infty} \dfrac{a_n}{b_n} = \dfrac{\lim_{n\to\infty} a_n}{\lim_{n\to\infty} b_n} \end{cases}$$

の関係が常に成立するのは，$\{a_n\}$ と $\{b_n\}$ とがともに収束する場合だけです．
第3章に書いておかなければいけなかったかな……．

かりに，$\sqrt{2}$ が無理数ではなく，したがって分数で表わせるものとしてみましょう．そうすると

$$\sqrt{2} = \frac{a}{b} \tag{4.8}$$

と書き表わすことができるはずです．ここで，$a$ と $b$ とは完全に約分が終わっており，したがって，$a$ と $b$ の少なくともどちらか1つは，奇数であると考えます．$a$ も $b$ も偶数なら，まだ2で約分できるので，$a$ と $b$ とが完全に約分が終わっているとはいえないからです．

さて，式(4.8)を2乗すると

$$2 = \frac{a^2}{b^2}$$

$$\therefore \quad 2b^2 = a^2$$

です．そうすると，$2b^2$ は偶数ですから，$a^2$ も偶数です．また，$a^2$ が偶数であれば，$a$ も偶数でなければなりません．なにしろ，奇数の2乗は必ず奇数であり，偶数の2乗は必ず偶数に決まっているのです*．したがって

$$a = 2c$$

とおくことができるはずです．そうすると

$$2b^2 = (2c)^2 = 4c^2$$

$$\therefore \quad b^2 = 2c^2$$

となり，$2c^2$ は偶数なので $b^2$ も偶数，すなわち $b$ も偶数でなければなりません．

---

\* 　　奇数の2乗 $= (2m-1)^2 = 4m^2 - 4m + 1 =$ 奇数

　　　　偶数の2乗 $= (2m)^2 = 4m^2 =$ 偶数

　私たちは，$a$ か $b$ の少なくともどちらか 1 つは奇数であると仮定
して

$$\sqrt{2} = \frac{a}{b} \qquad\qquad (4.8) と同じ$$

と書いたのに，この仮定からは，$a$ も $b$ も偶数であるという結論が
引き出されてしまいました．きっと，$\sqrt{2}$ が式 (4.8) の形に書けると
いう仮定がまちがっているにちがいありません．$\sqrt{2}$ は，分数の形
では表わせないのです．したがって，分数は有理数ではなく無理数
である……．

　こうして，$\sqrt{2}$ が無理数であることが証明できましたが，この証
明法はだいぶ風変りです．なにしろ，$\sqrt{2}$ が無理数ではなく有理数
であると仮定してみると解決できない矛盾が発生するので，有理数
であると仮定したことがまちがいであり，したがって，$\sqrt{2}$ は無理
数であるにちがいないと判決したのですから．いくらかゲリラ戦法
的なにおいがしないでもありませんが，この証明法は**背理法**と名づ
けられていて，数学ではよく使われる手口です*．118 ページあた
りで，無限小数の集合が可算集合であると仮定してみたら，番号の
つかない無限小数が誕生してしまったので，仮定がまちがっている
にちがいないと思い返して，無限小数は可算集合ではないと判断し
たのも，この背理法でした．

　$\sqrt{2}$ が無理数であることがわかれば，たとえば，$3\sqrt{2}+7$ などが
無理数であることを証明するのは，わけもありません．証明の手口

---

＊　『統計解析のはなし【改訂版】』100 ページなど．
　　背理法はまた**帰謬法**(きびゅうほう)と呼ばれることもあります．謬(あやまり)に帰結させる方法だか
　らです．

には，やはり背理法を使います．$3\sqrt{2}+7$ が有理数であると仮定して，それを $k$ とでもおきましょうか．

$$3\sqrt{2}+7=k$$

$$\therefore \quad \sqrt{2}=\frac{k-7}{3}$$

この式の右辺 $(k-7)/3$ は，明らかに有理数です．その有理数が無理数である $\sqrt{2}$ と等しいとはなにごとでしょうか．このようなふとどきな結果が現われたのは，$3\sqrt{2}+7$ を有理数と仮定したからにちがいありません．$3\sqrt{2}+7$ は無理数でなければならないのです．

　なお，$\sqrt{2}$ が無理数であることを証明したときと同じような手順で，$\sqrt{3}$ や $\sqrt{5}$ なども無理数であることを証明できますから，眠れない夜などに，ひまつぶしにやってみてください．


　ゼロと無限の話が，いつの間にか無理数の話へと変貌しつつあります．では，章を改めて無理数や虚数などいろいろな数の仲間たちに逢っていただくことにしましょう．

# 5. 数の貴族たち

—— $\pi$, $e$, $i$, etc. ——


## 数に黄泉の国はあるか

論語は,「人のまさに死なんとするとき, その言やよし」といっています. たしかに, 臨終のことばには, ひとの心を打つものが少なくありません.

　　(妻に向かって) 気を落とさないようにしなさい.

　　見てごらん, 空はなんときれいに澄んでいるのだろう.

　　私はあそこへいくんだよ.

　　　　　　　　　　　　　　——ジャン＝ジャック・ルソー

人間はいつかは必ず死ぬのだと一般論ではわかっていても, さて, 現実に自分が死ぬときの状況に思いいたると, やはり平静ではいられません. そして, ジャン＝ジャック・ルソーのような気持ちで死に臨めたらいいなぁと, 考え込んだりしてしまいます.

縁起でもない話をはじめて恐縮ですが, 人間の場合, 幽明の境は死です. 死の手前は現世であり, 死を越えれば黄泉の国であることがはっきりとしています. では, 数の場合はどうでしょうか.

1, 2, 3, ……などの自然数は, 疑いもなく現世の数です. 物体

の個数として目に見えるので，数の存在を体験することができるからです．つぎに，分数はどうでしょうか．これも，この世のものにちがいありません．たとえば，3/5 は，ある物体を 5 等分したうちの 3 つぶん，というように数の存在が現実のものとして認識できるからです．そうすると，有限小数や循環小数は分数と同じことですから，これらも現世の数の仲間にはいります．

　さらに，$\pi$ や $\sqrt{2}$ のような無理数はどうかと考えると，たとえば，$\pi$ は 3.1415 よりは大きく，3.1416 よりは小さな数なのですが，どうせ人間の感覚は 45.0℃ と 45.1℃ の区別がつかず，100 ルクスと 101 ルクスの区別もつかない程度の分解能しかもっていないくらいですから，$\pi$ は 3.1416 よりごく僅かに小さい数くらいに実感できればじゅうぶんなので，無理数もやはりこの世の数であると判断してよいでしょう．

　問題は，マイナスの数です．これは，目で確かめるわけにいかないので，ひょっとしたら，この世の数ではなく，あの世の数ではないかとも思えます．けれども，一本の棒に適当な間隔で目盛を刻んでみてください．中央あたりにゼロの目盛を印し，右のほうへ 1，2，3，……と目盛をつけていくのです．もちろん，1 と 2 の間には 1.1，1.2，1.3，……などの目盛を等間隔で刻んでいただいても結構ですし，もっともっと細かく目盛っていただいてもかまいません．さて，この場合，ゼロの目盛より左側はどうなるでしょうか．もちろん $-1$，$-2$，$-3$，……などが目盛られることになるのが自然の成りゆきです．こうして，マイナスの数も私たちは目盛の上で実感できるではありませんか．このように目で確認できる値が，幽界の数であるはずがありません．マイナスの数もりっぱに現世の数で

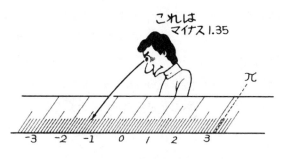

マイナスの**数**も πも
目盛の上で実感できる

す．つまり

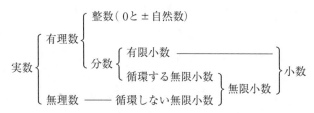

のすべてを現世の数とみなしてよいでしょう．なるほど‘実数’と
名づけられるだけのことはあります．

　では，数に冥土はないのでしょうか．まてよ，‘無限’はどうなの
だろうか，無限の世界では有限の世界にはあるまじきミステリーの
かずかずが起こるから，無限こそは黄泉の国の住人ではないだろう
か，とお思いの方がいるかもしれません．でも，ちょっと待ってく
ださい．前の章で述べたように無限は数ではなく，ある種の状態に
すぎません．したがって，無限を冥土に巣喰う数とはみなせません．

　では，数の幽霊はほんとうにいないのかというと，それがいるか
らおもしろいのです．$i$という数があります．$i$は，それを2乗する

と−1になるような数なのですが，私たちの常識では，どのような数でも2乗すれば必ずプラスになってしまい，決してマイナスにはならないはずです．したがって，2乗したら−1になるような数は，現世では実感することのできない幻の数です．$i$とその仲間こそ，実数とは三途の川でへだてられた黄泉の国の数でなくてなんでしょうか．

## $i$のはなし

ふざけたことに，この本はやたらと順序が逆です．ふつうの「数のはなし」なら，整数の性質から始まって順に有理数，無理数，これらをひっくるめた実数の性質と進んだあとで，数列とか級数などが配置されます．けれどもこの本では，トップ・バッターが数列で，そのあとに級数，ゼロ，無限と続いてきました．その理由は，16ページに書いたとおりですが，もうひとつ，ついでにいえば，「楽は苦の種，苦は楽の種」の教えにしたがって，めんどうなほうから片づけていこうとしているからでもあります．

そういうわけですから，数の貴族の紹介も，現世の数からではなく，幽界の数 ‘$i$’ から始めるはめになりました．

$i$は，それを2乗すると−1になる数です．つまり

$$i^2 = -1 \tag{5.1}$$

です．いいかえれば

$$i = \sqrt{-1} \tag{5.2}$$

でもあります*．そして，実数に$i$をかけ合わせた数，たとえば

$$2i, \ (-2)i, \ \sqrt{3}\,i, \ \pi i$$

などは，いずれも2乗すると

$$(2i)^2 = 2^2 \cdot i^2 = 4 \times (-1) = -4$$

$$\{(-2)i\}^2 = (-2)^2 \cdot i^2 = 4 \times (-1) = -4$$

$$(\sqrt{3}\ i)^2 = \sqrt{3}^{\ 2} \cdot i^2 = 3 \times (-1) = -3$$

$$(\pi i)^2 = \pi^2 \cdot i^2 \times (-1) = -\pi^2$$

のようにマイナスの値になってしまいます．そして，見方を変えれば

$$\pm 2 \cdot i = \sqrt{-4}$$

$$\pm \sqrt{3} \cdot i = \sqrt{-3}$$

$$\pm \pi \cdot i = \sqrt{-\pi^2}$$

でもあります．このように，$i$ そのものや $i$ と実数との積は，けしからんことに 2 乗するとマイナスの値になってしまうのですが，このけしからん値は**虚数**と呼ばれて，りっぱに認知された数なのです．ま，虚しい数と名づけたところが，せいいっぱいの抵抗なのかもしれません．もっとも，明治時代のユニークな美術評論家，岡倉天心は，つぼや皿などの器では，器を形造る実体にではなく，その中の空間，つまり虚の部分に実存の意義があることなどに注目し，物質文明と精神文明の調和を実と虚の調和としてとらえているくらいですから，黄泉の国の数を虚数と呼んでも，せいいっぱいの抵抗をしたことには，ならないかもしれませんが……．

　なお，$i$ は虚数の単位のような役目をしているので，$i$ は**虚数単位**と名づけられています．

　それにしても，このようなけしからん数を平和なこの世に持ち込み，認知しなくてもいいではないかと腹立たしく思うかもしれません．

---

\* $i$ は，$i = \sqrt{-1}$ で定義します．$i^2 = -1$ で定義しようものなら，両辺を平方に開くと $\pm i = \sqrt{-1}$ つまり $i = \pm\sqrt{-1}$ となってしまい，ややこしくてかなわないからです．

けれども，虚数を認めないなら

$$\sqrt{-4} = ? , \sqrt{-3} = ? , \sqrt{-\pi^2} = ?$$

にどう答えるのでしょうか．そんな値は存在しない，とか，この計算は不能，とか答えなければならないのですが，それはちょうど，マイナスの値を知らない小学校の低学年の児童が

$$2 - 3 = ?$$

に対して，そんな引き算はできないわ，と答えるのに似て，考える葦としては屈辱的ではありませんか．これに対して，$i$ という虚数単位とともに虚数の概念を導入するなら，$\sqrt{-4}$，$\sqrt{-3}$，$\sqrt{-\pi^2}$ などの $\sqrt{\ }$ を見事に取り外した計算ができ，考える葦の名誉が保たれようというものです．

　ところで，ひとはパンのみにて生きるものにあらず，とはいうものの，名誉や誇りばかりがあっても，パンという名の実利がなければ生きてはいけません．虚数の概念も考える葦の名誉のためにだけ考案されたものでなく，現実の生活に重要な実利をもたらしてくれます．あまり専門的になるので具体例は省きますが，電磁波，流体，熱などの性質を数式を使って調べていくには，どうしても $i$ のお世話にならなければならず，テレビがきれいな画像を描き出すのも，高性能の飛行機が空を飛ぶのも，無人に近い大型タンカーが効率よく石油を運ぶのも，みな，$i$ 様のおかげといっても過言ではありません*．

　けれども，この本は数学の本です．$i$ の実利的な利用法はさておき，もう少し $i$ を数学的に調べていこうと思います．そのために，

---

\* $i$ を使って液体の流れを解析する一例のさわりを，『関数のはなし（下）【改訂版】』215 ページあたりに紹介してあります．

$x$ についてのもっとも単純な 2 次方程式

$$x^2 + x + 1 = 0 \tag{5.3}$$

を解いてみてください．2 次式を解く公式によれば*

$$x = \frac{-1 \pm \sqrt{1-4}}{2} = \frac{-1 \pm \sqrt{-3}}{2}$$

となるのですが，$\sqrt{\phantom{x}}$ の中の $-3$ が気に入りません．現世では，どのような値でも 2 乗すればプラスになるのですから，$\sqrt{-3}$，つまり 2 乗すれば $-3$ になるような値など存在しないのです．けれども，私たちは黄泉の国の数 $i$ の存在を認める寛容な立場に立ちはじめたのですから，それを使うと

$$x = \frac{-1 \pm \sqrt{-3}}{2} = -\frac{1}{2} \pm \frac{\sqrt{3}}{2}i \tag{5.4}$$

となって，式 (5.3) の解は

$$x = -\frac{1}{2} + \frac{\sqrt{3}}{2}i \quad と \quad x = -\frac{1}{2} - \frac{\sqrt{3}}{2}i \tag{5.4 もどき}$$

の 2 つである，と胸を張ることができます．

　この 2 つは間違いなく，$x^2 + x + 1 = 0$ の解です．試みに，検算してみましょうか．$i^2 = -1$ であることに注意すれば

$$\left( -\frac{1}{2} + \frac{\sqrt{3}}{2}i \right)^2 + \left( -\frac{1}{2} + \frac{\sqrt{3}}{2}i \right) + 1$$

$$= \frac{1}{4} - \frac{\sqrt{3}}{2}i - \frac{3}{4} - \frac{1}{2} + \frac{\sqrt{3}}{2}i + 1 = 0$$

となり，検算に合格です．もうひとつの解については各人で検算し

---

*　$ax^2 + bx + c = 0$ の解は $x = \dfrac{-b \pm \sqrt{b^2 - 4ac}}{2a}$ です．なぜこうなるかについては，『方程式のはなし【改訂版】』154 ページをごらんください．

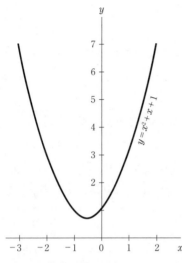

図5.1　黄泉の国でお会いしましょう

てみてください.

さて，$x^2+x+1=0$ の解が式 (5.4) であることがわかりましたが，これを目で確かめたら，どうなっているでしょうか. そのために

$$y=x^2+x+1 \qquad (5.5)$$

の曲線を描いてみます. この曲線と $x$ 軸が交わる点が $y=0$, つまり，$x^2+x+1=0$ を表わすはずだからです.

図5.1を見てください. くだんの曲線はどこでも $x$ 軸と交わらないではありませんか. つまり，私たちの目に映る現実の世界では決して

$$x^2+x+1=0 \qquad \qquad (5.3) と同じ$$

とはならないのです. それにもかかわらず，式(5.3)の解が2つも見つかっているのです. きっと，$y=x^2+x+1$ の曲線と $x$ 軸とは，黄泉の国で交わっているにちがいありません. $i$ が現世の数ではなく幽界の数であるなによりの証拠です[*].

ところで，幽霊はあの世の住人です. だから人間の目には見えないはずなのに，胸のあたりに手首をだらりと下げ，脚のあたりが

---

[*]　$x$ の2次曲線が $x$ 軸と2点で交われば実数の解が2つ，$x$ 軸に接するだけなら実数の解が1つあります. そして，いまの例のように $x$ 軸と交わらなければ実数の解はありません. 詳しくは，『方程式のはなし【改訂版】』157ページ.

すーっと消滅した幽霊の絵が描かれるではありませんか. そのくらいなら, *i* のほうもなんとか目に見えるように表現するくふうがないものでしょうか. ひとつ, 智恵を絞ってみることにします.

*i* は, それを2回かけると−1になる数です. したがって, ある値 *a* に *i* を2回かけると

$$a \cdot i \cdot i = ai^2 = -a \tag{5.6}$$

となり, *a* に−1をかけたのと同じ効果が発生します. いいかえると, *i* をかける効果は, −1をかける効果のちょうど半分だけの作用をするということになります.

そもそも, −1をかける効果とはなんでしょうか. それは, 図5.2を見ていただけば合点がいくように, *a* の値を原点を中心に180°回転した位置に移し変えることを意味しています. そうであれば, *i* をかける効果はちょうどその半分, つまり90°回転した位置に移し変える操作と考えるのが理屈というものです. つまり, 図5.2の下半分のように, 横軸上に表現した *a* は, *i* をかけ合わせることによって縦軸上に移り, その位置は *ai* という虚数を意味していることになります.

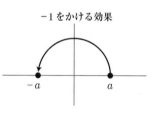

−1をかける効果

$-a$ 　　　$a$

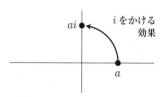

$ai$　　　*i* をかける効果

$a$

うまいことに気がつきました. この理屈にしたがえば横軸に現世の数, つまり実数をとり, それと90°で交差する縦軸に幽界の数, つまり虚数をとるのが, 理屈にあった表現法であるはずです. すなわち, 図5.3の

**図 5.2　ゆーれいの正体見たり90度**

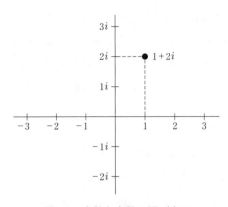

**図 5.3　実数と虚数の混ぜ合せ**

ように，横軸には実数の目盛を刻み，縦軸には虚数の目盛を印せば，実数が横軸上の位置として視覚に訴えるのと同様に，虚数は縦軸上の位置として目にとびこんできます．手首をだらりと下げた幽霊の図式より，よほどましではありませんか．

ここで，ちょっと気になることがあります．横軸上は実数，縦軸上は虚数を表わすのですが，図 5.3 の●印のように，機軸からも縦軸からも外れた位置にある点は，いったい，どんな数を意味しているのだろうかと気になります．

●印の位置は，実数方向には 1 の大きさを，虚数方向には $2i$ の大きさを持っています．この 2 つを混ぜ合わせるとどんな数になるかと考え悩むところですが，実数と虚数とはしょせん幽明境を異にする数ですから，水と油のようなもので，うまく混ぜ合わせることができません．そこで，すなおに実数方向の大きさと虚数方向の大きさとを加え合わせて

$$1+2i$$

と書き表わすことにします．

このように，実数と虚数とが加え合わされた数，一般的に書くと

$$a+bi \quad (a \ も \ b \ も実数) \tag{5.7}$$

の形で表わせられる数を**複素数**といい，詳しい話は省きますが，

数学的にも理学または工学的にも広く利用されています*.


## πのはなし**

　黄泉の国の数 $i$ を卒業して，現世の数に戻ります．現世の数，つまり実数は無限にあり，しかもその無限さの程度は，自然数や分数が無限にある程度よりも一段と高い無限であることは，前章で述べたとおりです．そんなにもたくさんある実数の中で，ひときわ人目をひく数が $\pi$ です．

　$\pi$ は円周率，つまり円周と直径の比ですから，古くから人類の関心を呼んでいたにちがいありません．このことは，先史人類の穴居の多くが丸く掘られていたり，土器が円形に焼かれていることなどからも推察できます．円は正方形と並んで人間の生活に古くから深くかかわりあってきたのですから，円周と直径の関係が，実生活にとっても重要な意味を持っていたことは想像にかたくありません．

　西洋でも東洋でも，古い時代には $\pi$ は3とみなされていたようです．丸太棒に縄を回して周囲の長さを測ってみたら，直径の約3倍くらいもあるという，おおざっぱな測定結果から，$\pi$ を3としていたのでしょう．けれども，文化が進むにつれて，$\pi$ を建築や土木作業の計算に使うに際して，また考える葦としての知的興味からしても，$\pi = 3$ ではもの足りなくなってきます．図5.4を見ていただきた

---

　*　複素数についての詳しい解説は，その名もズバリ『複素数のはなし』，鷹尾洋保著，日科技連出版社をご参照ください．

　**　$\pi$ は，ギリシア語の周（$\pi \varepsilon \rho \iota \mu \varepsilon \tau \rho o \varsigma$）の頭文字で，これを円周率の記号に用いたのはドイツの数学者オイラー（1707 〜 1783）であるといわれています．

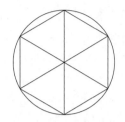

図5.4　円に内接する正六
角形の外周は直径の
3倍である．だから，
πは3より大きいに
ちがいない

いのですが，円に内接する正六角形の外周
が，直径のちょうど3倍であることは一目
瞭然です．そうすると，正六角形に外接し
ている円周は，直径の3倍より大きいこと
は明らかです．これほど明らかな事実を無
視してπ＝3とするとは，いったいなにご
とでしょうか．

　そこで，たくさんの人たちが正しいπ
の値を求めようと競いあいます．造形の
神が人類に与え賜うたπは，きっと美し
く崇高な数であるにちがいないと信じながら……．

　アルキメデスが，正六角形の外周が直径の3倍であるところから
スタートして，正十二角形，正二十四角形，……とだんだんに円に
近づけて正九十六角形まで進み，円に外接する正九十六角形からも
挟み討ちして

$$3\frac{10}{71} < \pi < 3\frac{1}{7}$$

という結果を得たのをはじめとして，円に内接する正四角形からス
タートして正八角形，正十六角形と進んで

$$\pi = \frac{355}{113} \quad (= 3.141592\cdots\cdots)$$

を得た5世紀の中国の祖沖之などの，多くの人たちによって小数以
下35桁*までも計算されました．けれども，いくら計算を続けて
もコンマ以下に数字が不規則に連なるばかりで，いっこうに終わり
になる気配も循環する気配もありません．神が与え賜うた美しく崇

高な数が，こんなことでよいのでしょうか．

　実用的な見地から言えば，πが35桁も求められていればじゅうぶんです．いや，πの値が10桁以上も必要なことなど，人工衛星を打ち上げるような特殊な場合を除けば，まずありません．けれども，登山家に「山がそこにあるからだ」\*\*という精神があるように，πがそこにある以上，数学者としては，どこまでも精密にπの値を求めなければならないのでした．

　けれども，円に内接する正多角形の辺をどんどん多くして辺の長さを加え合わせるやり方は，減法手数がかかるので，限度があります．幸いなことに，17世紀ごろになると微積分法が発明され，その応用として級数の研究なども進んだので，それまでよりはずっと容易にπの値を計算できるようになりました．たとえば，ウォリス\*\*\*は

$$\frac{\pi}{2} = \frac{2 \cdot 2 \cdot 4 \cdot 4 \cdot 6 \cdot 6 \cdot \cdots\cdots}{1 \cdot 3 \cdot 3 \cdot 5 \cdot 5 \cdot 7 \cdot \cdots\cdots} \tag{5.8}$$

という公式を作り出したし，ライプニッツ（1646～1716）は

$$\frac{\pi}{4} = 1 - \frac{1}{3} + \frac{1}{5} - \frac{1}{7} + \cdots\cdots \text{\*\*\*\*} \tag{5.9}$$

という級数でπが表わせることを公表しました．その後も，πを効

---

　\*　ルドルフ・ファン・コーレン（1540～1610）は正 $2^{62}$ 角形まで計算してπを小数35位まで求めました．値を遺言によって墓石に刻ませたほどのπマニアです．で，ドイツではπのことを長らく**ルドルフの数**と呼んでいました．

　\*\*　1924年のエベレスト登頂で消息を絶ったイギリスの登山家ジョージ・マロリー（1886～1924）が「なぜ山に登るのか」との質問に答えた言葉．

\*\*\*　ジョン・ウォリス（1616～1703），イギリスの数学者．無限大の記号∞をはじめて使った人として知られています．

率よく計算するためのいくつもの公式が作られ，せっせとπの値を精密に計算したのですが，いぜんとしてπを表わす小数は打切りにもならなければ循環もしませんでした．神が人類に与え賜うたπは，きっと美しく崇高であり，たとえば 12345/4321 というような神秘的な分数で表わせるのではないかという期待は，ついに裏切られっぱなしでした．

そうこうするうち，とうとうランベルト(1728 〜 77)が背理法を使ってπが無理数であることを証明してしまいました*．πは有限小数でもなければ循環小数でもなく，無限に不規則な数字が連なった無理数なのです．人類にとってもっとも親密な図形である円の円周と直径との比が，期待したように神秘的な数字の配列では表わせないとはがっかりです．造形の神に裏切られたような思いにさえ駆られます．

しかし，です．ここで，私たちは発想を転換しなければなりません．私たちは，πを 3.141592……という数字と等価なものと思い込みすぎてはいないでしょうか．πは，あくまでも自然数，1，2，3，……などとは別世界にある数であり，それを自然数の延長である分数や小数に換算してみて，きれいに表わせないとか神秘的な数字の配列にならないとか批評するのは，ちょうど，1 という値をπを単

---

**＊＊＊＊** $\tan^{-1}\theta$ を級数に展開して

$$\tan^{-1}\theta = \theta - \frac{\theta^3}{3} + \frac{\theta^5}{5} - \frac{\theta^7}{7} + \cdots\cdots$$

$\theta$ に 1 を代入すると本文中の級数が得られます．

**＊** πが無理数であることの証明は専門的にすぎるので省略します．関心のある方は，たとえば，『数のエッセイ』，一松信著，筑摩書房，127 ページなどをごらんください．

位として表わすと 0.31830988……という雑然とした数になるから，1 は雑然とした数だと批評するのと同じことではないでしょうか．

πは，自然数やその流れをくむ小数からは独立したところに位置するひとつの単位，と考えたほうがいいと私は思います．3.141592……というのは，ちょうどメートルをフィートに換算するときの換算係数 3.28083……と同じ性格のものにすぎません．その証拠はいくらでもあります．

とびとびの値をとる整数や，とびとびの間を埋める小数は，しばしば直線上の目盛と対応して説明されます．マイナスからプラスの全範囲で，数の大きさの相対的な関係を直線上の目盛があますところなく説明しているし，その説明が視覚に訴えているだけに説得力があるからです．では，角度の目盛はどうでしょうか．直線の目盛と同様に，角度にだって目盛があってもいいはずですが……．

角度の目盛としてよく知られているのは‘度’です．90°といえば直角のことですし，180°といえば正反対の方向までの角度のことです．けれども‘度’による角度の表示は，なんとややこしいことでしょうか．長年の訓練の結果，30°，60°，90°，180°などは，だいたいぴんときますが，240°などといわれると，とっさには角の大きさのイメージが湧きません．飛行機や船の進行方向は，真北をゼロとして時計回りの方向の角度でいい表わすのがふつうですが，ヘッディング・ツー・フォア・ゼロ（機首方向 240°）といわれて，すぐに西南西へ向かっていると理解するためには，かなりの訓練が必要なほどです．これも，1 回転が 360°というようなややこしい単位を使っているからに違いありません．もっと気の効いた角度の目盛はないものでしょうか．

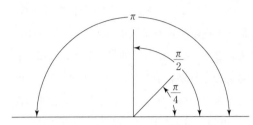

角度の表わし方の
もうひとつの方法
に，図 5.5 のような
π を単位とした方法
があります．正反対
の方向までの角，つ
まり 180°を π とし

図 5.5　角度の目盛を π を単位として刻む

てしまうのです．π のままでもいいのですが，とくに π を単位とし
た角の大きさであることを明瞭にしておく必要があるときは

$$\pi \ \text{rad}$$

と書きます．ちょうど‘度’を単位としたときに 180°と °を付記し
ておくように，です．rad は radian の略ですから，声に出すとき
にはラジアンと読んでください．

　角度の大きさをこのように決めれば，図 5.5 のように 90°は $\pi/2$
ですし，45°は $\pi/4$ と表わされることになります．なにしろ，180°
を 1π にしてしまったのですから，デノミネーションが施行された
ようなもので，3 桁の数が 1 桁程度の数に簡略化されてしまうので
す．したがって，「機首方向 240°」は「機首方向 $\frac{4}{3}\pi$」となり，正
反対を通りすぎて $\frac{1}{3}\pi$ だけ進んだ方向であることが直感的に理解
できます．現在，私たちの頭脳は，π で角度を表わすより度で表わ
すことに馴れていますから，240°より $\frac{4}{3}\pi$ のほうが直感的に理解
しやすいという主張を納得されない方が多いかもしれませんが，同
じ程度に馴れ親しめば，十進法でもない桁数の多い‘度’による表
現より，1/2 とか 4/3 とかのほうに，軍配が上がることは明らかで
はありませんか．

　それにしても，なぜ180°をπとする気になったのだろうか，それはデノミ以外にもっと別のご利益（りやく）をもたらすのだろうかと，不審に思われる方にお答えします．180°をπとすると，数学的にはたくさんのご利益があるのです．まず……

　π rad はちょうど180°に相当します．したがって，1 rad は

$$1\ \text{rad} = \frac{180°}{\pi} = 57°\,17'\,45''$$

くらいに相当します．ずいぶん半端な値ですが，これは 1 rad の決め方が悪いというよりは，むしろ，それを半端な値でしか表わせない度，分，秒のほうが悪いくらいです．その証拠に，図 5.6 をごらんください．

　半径 $r$ の円の円周は $2\pi r$ ですから，半円の弧の長さは $\pi r$ です．

つまり，π rad が半径 $r$ の円から切りとる弧の長さが $\pi r$ です．したがって，1 rad が半径 $r$ の円から切りとる弧の長さは，$r$ なのです．すなわち，1 rad は円弧の長さが半径に等しいような角度ということになります．これほどきれいで図形上の意味が明瞭な角度の単位が，ほかにあるでしょうか．

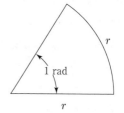

　さらに，1 rad が半径 $r$ の円から $r$ の円弧を切りとるのですから，一般に $\theta$ rad は半径 $r$ の円から $r\theta$ の円弧を切りとるかんじょうになります．つまり，図 5.6 の下の図のように，弧の長さは $r\theta$

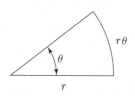

**図 5.6　半径と弧と角度の絶妙な関係**

というきれいな値で表わされます．絶妙な角度の単位の決め方ではありませんか．

これは要するに，半径1の半円を考えると，半円の角度がπであると同時に，円弧の長さもπであるということなのですが，見方を変えて「はじめにπありき」と考えるなら，円弧の長さがπになるような半円の半径が1である，とも言えるでしょう．

るると述べてきたように，πは3.141592……という値とみなすよりは，‘π’という独立した人格をもったひとつの値と考えるのが正しいと思います．そして，πは角度や円弧の長さに密着した値です．

ところで，私たちの生活の中で‘動くもの’を観察してみると，たいていの動きには回転運動が重要な役目を果たしています．レールや道路の上を走る車両は，それ自体は主に直線運動をしていますが，車輪は回転運動をしていますし，動物の手足は関節を中心にした回転運動が組み合わされたものですし，天体の公転や自転は回転運動というぐあいです．さらに，波や振動も回転運動を直線上に投影したものとみなすことができるのですから，なおのこと，回転運動は私たちの生活の中の‘動き’に，重要な役目を果たしていることがわかります．

回転運動は角度や円弧の長さ抜きでは語れません．そして，角度や円弧にはπがつきものですから，回転運動はπなしでは語れないということになり，さらに，私たちの生活の中で起こる‘動き’はπなしでは語れないといっても過言ではありません．その実例をいくつか列挙して，πの話を終わりにしようと思います．

第1は，振り子の運動です．長さ$l$の糸におもりをつけて振り子にすると，おもりの重さには無関係に振り子の振動周期$T$は

$$T = 2\pi\sqrt{\frac{l}{g}} \tag{5.10}$$

ここで，$g$ は重力の加速度($9.8$ m/sec$^2$)

となります*. 振り子の運動は円弧上を往復する振動ですが，この場合，$\pi$ が重要な位置に，でんとすわっているではありませんか.

　第 2 は，電気の流れです. 直流の場合には電流 $I$ と電圧 $V$ と回路の抵抗 $R$ との間に

$$I = \frac{V}{R} \tag{5.11}$$

の関係があることがよく知られています. この式には $\pi$ が顔を出していません. 直流は，いうなれば直線運動であり，回転運動を含まないからです. これに対して，交流になると事情が一変します. 交流は，ある種の振動だからです. 交流に対してはコイルが電気の流れを妨げるように作用しますから，妨げる力** が $L$ だけあるコイルを回路に入れて，周波数 $f$ の交流電圧をかけてみます. そうすると，電流と電圧の関係は

$$I = \frac{V}{2\pi f L} \tag{5.12}$$

となり，またもや $\pi$ が大きな面(つら)を出してきます.

　第 3 は，遠心力です. 長さ $r$ のひもの先に $m$ の質量をくくりつけて，回転数 $f$ で振り回したとしましょう. このとき発生する遠心力 $F$，つまり，ひもにかかる力は

---

＊　『微積分のはなし(下)【改訂版】』138 ページに計算してあります.

＊＊　コイルが交流の流れを妨げる力はインダクタンスと呼ばれます.

$$F = 4mr\pi^2 f^2 \tag{5.13}$$

で表わされます*. ここにも π が現われました.

　回転運動や振動が π なしでは物語れないことの証拠は，もうこの
あたりでいいでしょうか.


## e のはなし

　数の貴族の双璧は，‘π’ と並んで ‘e’ です. 右近の橘，左近の
桜，というところでしょうか。

　e は

　　　　2.718281828459045……

という半端な値です**. けれども，π が 3.141592……という半端
な数であると考えるよりは，‘π’ という独立した人格を持った値
とみなすほうが当を得ていたように，e もわざわざ小数に換算して
半端な値にするより，‘e’ という人格を備えたひとつの値と認めて
くださるようお願いします.

　さて，e とはどのような数でしょうか. まずは，嫌な形をした数

---

＊　角速度を ω とすると

　　　$\omega = 2\pi f$

の関係がありますから，遠心力は

　　　$F = mr\omega^2$

の形で表わすこともできます.

＊＊　いろいろな覚え方があるようですが，私は 2.7 1 8 2 8 1 8 2 8 4 5 9 0 4 5
（鮒，一わ二わ，一わ二わ，しごく惜しい）と語呂合せして覚えました. つ
いでに π のほうも書いておくと，3. 1 4 1 5 9 2 6 5 3 5 8 9 7 9 3 2 3 8 4 6（身
一つ世一つ，生くに無意味，いわく泣く身，文や読む）と覚えました.

式と対面していただきます.

$$e = \lim_{n \to \infty} \left(1 + \frac{1}{n}\right)^n \tag{5.14}$$

$e$ は, このように定義されているのですが, この式は私たちの実生活の話としては, どのような現象を表わしているのでしょうか. 余計なおせっかいをやくようですが, 数学を実生活に役立てたいと思うなら, 数式に遭遇するたびに, その式の意味を具体的な現象に翻訳してみる習慣をつけたいものです.

式 (5.14) についている lim を, ひとまず脇にどかしてみます.

$$\left(1 + \frac{1}{n}\right)^n \tag{5.15}$$

この式で $n = 1$ とすると

$$(1+1)^1 = 2$$

ですが, これをたとえば, 1 年あたり 100％ ものべらぼうな高利で1 万円を預けたら, 1 年後の元利合計が 2 万円になっていると考えてください.

$$\overset{\text{利子計算の回数}}{(\quad 1 \quad + \quad 1 \quad)^1 = 2}$$

元金　利子　元利合計

これでもずいぶんな儲けなのに, さらに欲張って複利で利子をつけてもらおうと思います. まず, 半年ごとの複利とするのですが, その代わり, 半年ごとの利率は 50％ とします. これでも単利よりは確実に有利なはずですから. そうすると, 1 年後の元利合計は

$$\left(1 + \frac{1}{2}\right)^2 = 2.25$$

となり，確かに単利よりは有利です．そこで，もっと欲の皮を張り，年に 4 回の複利計算，ただし，1 回あたりの利率は 25%，としたらどうでしょうか．

$$\left(1+\frac{1}{4}\right)^4 \fallingdotseq 2.44$$

ますます元利合計が増加して，うれしや，うれしや，です．いっそのこと，複利計算の回数をもっとふやして，百回，千回いや無限回にしてしまえば，ものすごい額の元利合計になるにちがいない，というのが

$$\lim_{n\to\infty}\left(1+\frac{1}{n}\right)^n \qquad\qquad (5.14)の一部$$

です．この極限の値は，期待に反して，ものすごい大きさなどにはなりません．2.71828……という，意外につつましい値に落ち着いてしまうから不思議です．$n$ を大きくしていくにつれて，（　）の中は 1 に近づきますから，1 にごく近い値をなん回もかけ合わせることになり，それがうまいぐあいにバランスして，1 にもならず無限大にもならず，つつましい手頃な値に収束してしまうところが神秘的です．これが，$e$ です．

$\pi$ と $e$ とは，右近の橘，左近の桜，だと書きました．$\pi$ のほうは，円という形に関連して私たちの生活に深くかかわっていると合点がいきますが，式(5.14)で表わされる $e$ が，なぜ $\pi$ と肩を並べるほど重要な数なのでしょうか．

式(5.14)の現象的な意味を私たちは複利計算にたとえて理解しました．複利計算というのは常に元利合計，つまり現在高に正比例して利子が付くということですが，実は，私たちの身辺には，これに

類した現象がとてもたくさんあるのです．そこで，複利計算を式
(5.14)よりもう少し一般的な式で表わしてみましょう．

単位時間を $k$ 回に区切り，一区切りごとに $\alpha/k$ の利子を付けな
がら複利計算をすると思ってください．元金は $y_0$ です．そうする
と，$t$ だけ時間が経過した後の元利合計は

$$y = \left(y_0 + y_0\frac{\alpha}{k}\right)^{kt} \quad \leftarrow \text{利子計算の回数} \tag{5.16}$$

$$\underset{\text{元金}}{\uparrow} \quad \underset{\text{利子}}{\uparrow}$$

$$= y_0\left(1 + \frac{\alpha}{k}\right)^{kt}$$

ここで，$\dfrac{\alpha}{k} = \dfrac{1}{n}$ とおきます．$k = n\alpha$ です．

$$= y_0\left(1 + \frac{1}{n}\right)^{n\alpha t}$$

$$\therefore \quad y = y_0\left\{\left(1 + \frac{1}{n}\right)^n\right\}^{\alpha t} \tag{5.17}$$

これが，複利計算の一般式とでも呼べそうな式です．

さて，自然現象や社会現象の中には，いわゆるネズミ算で，4 カ
月に一度ずつすべてのつがいが3つがいの子を生んでいったとした
ら……，というように，$k$ つまり $n$ が有限の値であることは珍しく
ありません．いっぽう，細菌の繁殖や細胞の分裂のように，現在量
に比例した速さで，のべつまくなしに殖えつづけるものも，たくさ
んあります．

のべつまくなしは，時間の区切りの間隔がゼロになった場合，い
いかえれば，区切りの回数が無限大になった場合に相当しますか

ら，式(5.17)は

$$y = \lim_{n \to \infty} \left[ y_0 \left\{ \left(1 + \frac{1}{n}\right)^n \right\}^{\alpha t} \right]$$

となります．この右辺で $n \to \infty$ とすると

$$\left(1 + \frac{1}{n}\right)^n \to e$$

となるほかは，$n$ に無関係ですから，したがって

$$y = y_0 e^{\alpha t} \tag{5.18}$$

が得られます[*]．これが，現在高に比例した速さで殖えていくときの現在高を表わす式です．この式で $\alpha$ は，増加率と呼ばれる値ですが，何といってもこの式の中心は $e$ です．$e$ が左近の桜である一面が伺えるではありませんか．

この式を使って，ひとつだけ計算してみましょう．細菌の一群が1分あたり 1/10 の割合で増殖しているとします．1時間後には何倍に殖えているでしょうか．

$$\alpha = 0.1 / 分, \quad t = 60 分$$

を式(5.18)に代入してみると，単位は省略して

$$y = y_0 e^{0.1 \times 60} = y_0 e^6 \fallingdotseq 403 \, y_0$$

が得られます．1時間後には 403 倍にもなってしまうのです．複利のこわさが身にしみるではありませんか．ゆめゆめ，ヤミ金などに手を出されないように……．

---

[*]　式(5.18)は，ふつうは

$$\frac{dx}{dt} = \alpha x$$

を解いて求めます．『微積分のはなし(上)【改訂版】』280 ページあたりをどうぞ．

いままでは，現在高に比例して増えつづけるほうに目を向けてきましたが，自然界には，むしろ現在高に比例して減りつづける現象のほうが，たくさん見られます．

温めた物体を放置しておくと，外気に熱を奪われて徐々に冷え，いずれは外気とほぼ同じ温度になってしまいます．けれども，この物体は一定の速さで冷えていくわけではありません．外気との温度差にほぼ比例

**表 5.1**　$e^x$ と $e^{-x}$ の値

| $x$ | $e^x$ | $e^{-x}$ |
|---|---|---|
| 0 | 1.0000 | 1.0000 |
| 0.1 | 1.1052 | 0.9048 |
| 0.3 | 1.3499 | 0.7408 |
| 0.5 | 1.6487 | 0.6065 |
| 0.7 | 2.0138 | 0.4966 |
| 1 | 2.7183 | 0.3679 |
| 2 | 7.3891 | 0.1353 |
| 4 | 54.598 | 0.0183 |
| 6 | 403.43 | 0.0025 |

詳しい数表は『関数のはなし（下）【改訂版】』の付録にあります．

して熱が奪われていきますから，温度差が大きいはじめのころは比較的すみやかに冷えていきますが，温度差が小さくなると冷え方はゆるくなり，ゆっくりゆっくりと外気温に近づきます．したがって，物体と外気との温度差をグラフに描くと図 5.7 のようになり，曲線は温度差ゼロに限りなく近づきはしますが，完全にゼロになるのには，無限の時間を要する理屈です．

同じようなことは，水の中に射し込む光が水に吸収されて徐々に

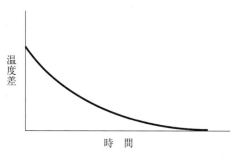

**図 5.7**　現在高に比例して減りつづける曲線

明るさを失うとき，放射性物質が現在量に比例した速さで崩壊して消滅するとき，などなど，枚挙にいとまがないほどです．とくに，偶発的に故障が発生するような部品では，故障の発生数は生き残っている部品の数に比例しますから，生き残り部品の数は，やはり図5.7のような推移をたどるはずです．これは，信頼性工学の基礎的な理論のひとつとなっています．

いまの例のように，現在高に比例して減少する場合，時間の経過につれて現在高がどう変化するかを表わす式は，式(5.18)において増加率がマイナスになっている場合に相当しますから

$$y = y_0 e^{-\alpha t}$$
$$\text{ただし，} \quad \alpha > 0 \qquad (5.19)$$

となります*．この式のグラフを描くと図5.7のようになるのですが，やはり $e$ の特性が中心的な存在です．

ここでもひとつだけ例題を解いてみましょうか．ある湖では，水深 1 m ごとに光を 1/10 ずつ吸収しています．水面直下の光量のちょうど半分に光量が減るのは，水深なんメートルのところか計算してみてください．

$$\alpha = 0.1 / \mathrm{m}, \quad y = 0.5 y_0$$

を式(5.19)に代入すると，単位はめんどうだから省略して

$$0.5 y_0 = y_0 e^{-0.1t}$$
$$\therefore \quad e^{-0.1t} = 0.5$$

---

* 式(5.19)は
$$\frac{dx}{dt} = -\alpha x$$
から求められます，$\alpha$ の持つ意味なども含めて『微積分のはなし(下)【改訂版】』92～99ページに詳しく紹介してあります．

が得られます. ところが, 149 ページの表 5.1 を見ていただくと $e^{-0.7}$ はほぼ 0.5 になりますから

$$0.1t = 0.7$$

$$\therefore \quad t = 7\,\mathrm{m}$$

というぐあいに, 答えいっぱつ, です.

このように $e$ は, 自然現象に深いかかわりを持っているのですが, このほかにも思いがけないところに顔を出して, 私たちをびっくりさせます*. けれども, なんといっても $e$ の実力は, 数学の世界でいかんなく発揮されるのです. とくに微積分で $e$ の使用を禁じたとしたら, 一大事になります. $e$ があるから微積分ができるといってもいいくらいです. このあたりについては, 『微積分のはなし(上)(下)【改訂版】』にゆずることにして, 最後に 2 つの式を見ていただきましょう.

そのひとつは

$$e^x = 1 + \frac{x}{1!} + \frac{x^2}{2!} + \frac{x^3}{3!} + \cdots\cdots \tag{5.20}$$

です**. もちろん, この式で $x = 1$ とすれば

$$e = 1 + \frac{1}{1!} + \frac{1}{2!} + \frac{1}{3!} + \frac{1}{4!} + \cdots\cdots \tag{5.21}$$

となります. $\pi$ のときもそうであったように, $e$ のような無理数は, 級数で表わすと思いがけないほど美しい姿になるものです. 級数の

---

　*　思いがけないところに $e$ が顔を出す一例を『関数のはなし(下)【改訂版】』82 ページに紹介してあります.

＊＊　式 (5.20) は $e^x$ を展開したマクローリン級数です. 詳しくは, 『微積分のはなし(下)【改訂版】』199 ページを.

功徳が，ここにも見出せます．

　つぎの式は，神秘的です*.

$$e^{i\pi} + 1 = 0 \qquad\qquad (5.22)$$

見てください．

　　　0：実数も虚数も含めて，すべての数の中心

　　　1：現世の数の基本単位

　　　$i$：幽界の数の基本単位

　　　$\pi$：実数の貴族，右近の橘

　　　$e$：実数の貴族，左近の桜

数の中でもっとも基本的な5つが，なんとも美しい形に結びついているではありませんか．このうち，0と1は本質的に存在していた数，$\pi$は神が円という図形を通じて与え賜うた数，$i$と$e$は人間の智恵が生み出した数といえるでしょう．これらが対等に結びつくのですから，人間の智恵もすばらしいものです．思い上りにすぎるでしょうか．

### $n!$のはなし

　現代の日本では，貴族という言葉はあっても，その実体は存在しませんが，第二次世界大戦までは，公爵から男爵まで，5等級の貴族が実在し，財産などについての特殊な待遇と政治的な特権が法律によって保証されていました**．けれども，5等級に区分されて

---

\* 式(5.22)が成立する理由やその意味については，『関数のはなし(下)【改訂版】』179ページおよび186ページあたりを見ていただければ，幸いです.

いるくらいですから，ひと口に貴族といっても，トップの公爵とドンケツの男爵とでは，重みも待遇もぐっと差があったようです．

　実数の世界の貴族としては，$\pi$ と $e$ とが群を抜いた位置を占めています．当然，公爵の称号が与えられていいでしょう．ところが，それにつづいて侯爵や伯爵の称号にふさわしい貴族を探すと，それが見当たらないのです．数の世界も意外に人材不足です．そこで，選定の基準をどんどん甘くしていくと，ドンケツ寸前の子爵くらいにはどうやら合格しそうな数が2つ，辛うじて男爵に採用できそうな数が1つ見つかりました．もっとも，これらの3つの数は，$\pi$ や $e$ のように個人の器量が貴族にふさわしいのではなく，家族ぐるみでどうやら貴族の体面を保つにすぎないのですが……．

　子爵の名誉に浴した数のひとつは

$$n!$$

です．$n!$ は，**$n$ の階乗**（factorial）と読み，すでに72ページや109ページでご紹介したように，1から $n$ までの自然数をかけ合わせた値，すなわち

$$n! = 1 \cdot 2 \cdot 3 \cdot \cdots\cdots \cdot n \tag{5.23}$$

です．したがって，$n$ によって $n!$ の値は変わりますから，$n!$ は $\pi$ や $e$ のような一定の数ではなく，たくさんの数の一家族です．表5.2に $n!$ の値を列記してありますから，見ていただけませんか．特徴的なことは，$n$ が大きくなるにつれて，$n!$ はみるみるうちに驚異的な大きさになっていくことでしょう．$n!$ を「$n$ のびっくりマー

---

＊＊　華族令という法律によって，公，侯，伯，子，男の5等級の爵位が定められていました．

表 5.2  びっくりマークの値

| $n$ | $n!$ |
| --- | --- |
| 1 | 1 |
| 2 | 2 |
| 3 | 6 |
| 4 | 24 |
| 5 | 120 |
| 6 | 720 |
| 7 | 5,040 |
| 8 | 40,320 |
| 9 | 362,880 |
| 10 | 3,628,800 |
| 11 | 39,916,800 |
| 12 | 479,001,600 |
| 13 | 6,227,020,800 |
| 14 | 87,178,291,200 |
| 15 | 1,307,674,368,000 |

ク」とふざけて読むことがある
くらいです．だから，油断がな
りません．その実例をひとつ
……．

　ものすごく理論的な作戦が得
意だと，うぬぼれている野球監
督がいると思ってください。こ
の監督が9名の選手をベストな
打順に並べようとしています．
バッターの能力は打率だけで
表わせるものではありません．
チャンスに強いのや弱いの，
かっとばし型やこつこつ型，バ
ントのうまいのや下手なの，選
球眼のあるなし，ねばっこいの
や淡白なの，など千差万別です．そこで，ベストな打順を見出すた
めには，すべての打順を比較検討しなければならないと理論派の監
督は考え，9人の選手で作り得るすべての打順を列挙しはじめまし
た．非常に理論的な作戦のようにも思えますが，果たしていかがな
ものでしょうか．

　9人の選手で作る打順は，なん種類あるかといえば

$$9 \times 8 \times 7 \times 6 \times 5 \times 4 \times 3 \times 2 \times 1 = 9!$$

$$= 362,880 \text{ とおり}$$

です．1番バッターは9人の中から誰を選んでもいいから9とお
り，1番バッターを決めてしまうと2番バッターは残りの8人のう

ちから1人を選ぶことになるので8とおり，……（中略）……，8番バッターまで決まってしまうと9番にはいや応なく残りの1人を据えることになるので1とおり，だからです．

さて，監督さんは362,880とおりの打順を1とおりごとに別の紙に書きはじめました．9人の名前を書くのですから，1とおりの打順を書くのに約1分を要します．そうすると，1時間に60とおり，1日あたり12時間もこの作業に没頭するとして1日に720とおり，1年365日を1日も休まずに作業を続けるとしても1年に262,800とおり，まだ打順を書き上げる作業の70%くらいしか終わりません．これらを比較検討してベストのひとつを選び出す作業は，まったく手つかずです．この調子では，すべての作業が完了するころには選手たちも年老いてしまうにちがいありません．理論派監督の名案も，実は珍案にすぎなかったのです．そして，名案が珍案に化けてしまった理由が，びっくりマークのおそろしさです．

$n!$には，このように$n$が大きくなるにつれて驚異的に大きくなるという性質があります．そこに留意して

$$e = 1 + \frac{1}{1!} + \frac{1}{2!} + \frac{1}{3!} + \frac{1}{4!} + \cdots\cdots \qquad (5.21)と同じ$$

を見てください．右辺の1項めと2項めはともに1ですが，3項め以降は分母が$n$の階乗ですから，3項め，4項め，5項めと進むにつれて，みるみる小さな値になっていくにちがいありません．そうすると，右辺のしっぽのほうはごく小さな値にすぎませんから，たとえ切り捨てたとしても，たいした誤差にはならないでしょう．したがって，右辺の頭から数項だけの和を計算してやることによって，手数がかからない割には精度のいい$e$が求められるはず

**表 5.3 式(5.21)による *e* の計算**

| *n* 項め | *n* 項めの値 | *n* 項までの合計 |
|--------|-----------|-------------|
| 1 | 1.0 | 1.0 |
| 2 | 1.0 | 2.0 |
| 3 | 0.5 | 2.5 |
| 4 | 0.166667 | 2.666667 |
| 5 | 0.041667 | 2.708334 |
| 6 | 0.008333 | 2.716667 |
| 7 | 0.001389 | 2.718056 |
| 8 | 0.000198 | 2.718254 |
| 9 | 0.000025 | 2.718279 |
| 10 | 0.000003 | 2.718282 |

です.

実際に計算してみると表 5.3 のように, 7 項めまでを加えただけで 4 桁まで, 10 項めまで加えれば 6 桁まで正しい *e* の値が得られます. 3 項めまでは計算らしい計算はいらないのですから, 非常に少ない手数で正しい *e* の値が求められることがわかります. そこで, 式(5.21)のような級数は, 収束が速いといわれます.

これに対して, たとえば

$$\frac{\pi}{4} = 1 - \frac{1}{3} + \frac{1}{5} - \frac{1}{7} + \cdots\cdots \qquad (5.9)と同じ$$

という級数はどうでしょうか. 分母が, 3, 5, 7, ……と小刻みに増大するにすぎませんから, 右辺のずっとしっぽのほうにある項も無視できない程度の大きさを保っています. 加えて, 各項がプラスとマイナスを交互に繰り返すので, いっそう始末が悪く, 実際に計算してみると, 10 項までを合計しても 3.04184……となり, とても π の値としては使いものになりません. で, このような級数は, 収束が遅いといわれます.

いうまでもないことですが, 級数を利用して数値を計算する場合, 収束が速い級数を選ばなければなりません. さもないと, 労多くして益少なし, です.

話が「級数のはなし」の補足みたいになってしまいました. 本筋

へ戻りましょう. $n!$ は, $n$ につれて驚異的な大きさになる数であることを主張してきましたが, それにしても, なぜ $n!$ は数の貴族として子爵の名誉を与えられるのにふさわしいのでしょうか. 大きくなることに価値があるなら, $n^n$ のほうがもっと大きくなるのに…….

$n!$ が数の貴族に列せられるのは, その数学上の価値によります. その

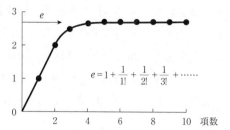

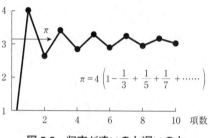

図5.8 収束が速いのと遅いのと

証拠のひとつが式(5.21)ですが, そのほかもっとたくさんの証拠を並べてみましょう.

$$e^x = 1 + \frac{x}{1!} + \frac{x^2}{2!} + \frac{x^3}{3!} + \cdots\cdots \qquad \text{(5.20)と同じ}$$

$$\sin x = x - \frac{x^3}{3!} + \frac{x^5}{5!} - \frac{x^7}{7!} + \cdots\cdots \qquad (5.24)$$

$$\cos x = 1 - \frac{x^2}{2!} + \frac{x^4}{4!} - \frac{x^6}{6!} + \cdots\cdots \qquad (5.25)$$

$$(1+x)^n = 1 + nx + \frac{n(n-1)}{2!}x^2 + \frac{n(n-1)(n-2)}{3!}x^3 + \cdots\cdots$$

$$(5.26)$$

のように，いろいろな関数を級数に展開しようとすれば，$n!$ のお世話にならなければなりません*．このほか，順列とか組合せの問題，これらを利用した確率計算などには，$n!$ はどうしても欠かせない重要な値です．

最後に，109 ページの借りを返しておきましょう．私たちは

$$C^0 = 1$$

と約束したのと同様に

$$0! = 1 \qquad\qquad\qquad\qquad (4.5) と同じ$$

と約束するのですが，なぜこのように約束するのかを紹介しておかなければなりません．

かりに，A，B，C，D，E という 5 人の選手が競走して，1 位，2 位，3 位の入賞者を決めるとします．入賞者は CDA の順かもしれないし，EAB，あるいはその他の順かもしれません．入賞者の並び方にはいろいろなケースがありますが，それらはなんとおりあるでしょうか．それは

$$5 \cdot 4 \cdot 3 = 60 とおり$$

です．1 位には 5 人中の誰でもがはいる可能性があるので 5 とおり，2 位は 1 位入賞者を除いた 4 人から選ばれるので 4 とおり，3 位は残りの 3 人中から選ばれるので 3 とおり，だからです．

もっと一般的に書けば，$n$ 個から $r$ 個を取り出して並べる順序には

$$_nP_r = \underbrace{n(n-1)\cdots\cdots(n-r+1)}_{r \text{ 個の値の積}} \qquad\qquad (5.27)$$

---

\* いろいろな関数を級数に展開して何になるのかと訝る方は，『微積分のはなし（下）【改訂版】』203 ページをどうぞ．

とおりあることになり，これを，$n$ 個から $r$ 個を取り出したときの**順列**の数ということは，教科書に書いてあるとおりです*. ここで，式(5.27)の右辺の分子と分母に

$$(n-r)(n-r-1)\cdot\cdots\cdot 2\cdot 1=(n=r)!$$

をかけてみます. 式(5.27)には分母がない，などと大騒ぎしないでください. とくに書いてなくても分母は 1 とみなしていいのですから……

$$_n\mathrm{P}_r=\frac{n(n-1)\cdots(n-r+1)(n-r)\cdot\cdots\cdot 2\cdot 1}{(n-r)\cdot\cdots\cdot 2\cdot 1}$$

$$=\frac{n!}{(n-r)!} \tag{5.28}$$

! を使ったおかげで，式(5.27)よりきれいな式になりました. つぎに，この式で $r=n$ とおいてみてください.

$$_n\mathrm{P}_r=\frac{n!}{0!} \tag{5.29}$$

となります. いっぽう，式(5.27)で $n=r$ とおいてみてください.

$$_n\mathrm{P}_r=n(n-1)\cdot\cdots\cdot 1=n! \tag{5.30}$$

です. $n$ 個からぜんぶを取り出して作る順列ですから，9 人の選手の打順を列記したときのように，順列の数が $n!$ になるのは当然です. そこで，式(5.29)と式(5.30)とを見較べてみると

$$\frac{n!}{0!}=n!$$

です. これでは，どうしても

---

* $_n\mathrm{P}_r$ の P は Permutation（順列）の頭文字です.

|          | $0! = 1$ | (4.5)と同じ |
|----------|----------|------------|

でないとつじつまが合わないではありませんか．だから，$0! = 1$ と約束するのです．そして，この約束は数学体系のどこにも波乱を起こしたりはせず，八方円満におさまるので，数学上の定義として認知されています．

### $_nC_r$ のはなし

子爵の2人めは $_nC_r$ です．また，A，B，C，D，Eの5人の選手が競走して，3人の入賞者を決める情景を想定していただきましょう．ただし，こんどは3位までが入賞であり，3位までに入れば順位は問わないことにします．この場合，入賞者の選ばれ方はなんとおりあるでしょうか．

まず，5人から3人を取り出したときの順列は

$$5 \cdot 4 \cdot 3 = 60 \text{ とおり}$$

あることは，158ページのとおりです．選ばれた3人についてみると

$$3 \cdot 2 \cdot 1 = 6 \text{ とおり}$$

の並び方があります．ところが，こんどは3人の顔ぶれが同じなら順序にかかわりなく，それを1とおりとみなすのですから，順列の6とおりが1とおりに統合されてしまいます．つまり，入賞者の選ばれ方には

$$\frac{5 \cdot 4 \cdot 3}{3 \cdot 2 \cdot 1} = 10 \text{ とおり}$$

あることになります．これを一般的に書きましょう．$n$ 個から $r$ 個を取り出す組合せの数を $_nC_r$ とすれば[*]

$$_nC_r = \frac{_nP_r}{r!}$$

式 (5.28) を参考にすると

$$_nC_r = \frac{n!}{r!\,(n-r)!} \tag{5.31}$$

です．1人めの子爵 $n!$ の世話にならないとうまく書き表わせない
のが癪ですが，これが2人めの子爵の勇姿です．

$_nC_r$ は，また，**二項係数**とも呼ばれます．なぜかというと，$a$, $b$
という2つの項の和を2乗，3乗，4乗，……としていくと，各項
の係数におもしろい規則性があり，その係数が $_nC_r$ で表わされるか
らです．

$$(a+b)^1 = a+b$$
$$(a+b)^2 = a^2 + 2ab + b^2$$
$$(a+b)^3 = a^3 + 3a^2b + 3ab^2 + b^3$$
$$(a+b)^4 = a^4 + 4a^3b + 6a^2b^2 + 4ab^3 + b^4$$
$$\cdots\cdots\cdots（　中　略　）\cdots\cdots\cdots$$
$$(a+b)^n = a^n + \frac{n}{1}a^{n-1}b + \frac{n(n-1)}{2\cdot1}a^{n-2}b^2 + \cdots\cdots$$

$$+ \frac{n(n-1)(n-2)\cdots\cdots(n-r+1)}{r\cdot\cdots\cdots\cdot2\cdot1}a^{n-r}b^r + \cdots\cdots$$

$$+ b_n \tag{5.32}$$

ここで，とりあえず

$$_nC_0 = 1, \quad _nC_n = 1$$

---

\* $_nC_r$ の C は Combination（組合せ）の頭文字です．

と書かしてもらうと

$$(a+b)^n = {}_nC_0a^n + {}_nC_1a^{n-1}b + {}_nC_2a^{n-2}b^2 + \cdots\cdots$$
$$+ {}_nC_ra^{n-r}b^r + \cdots\cdots + {}_nC_nb^n \qquad (5.33)$$

という整然とした形になります.

　この式を見ただけでは，あまり整然としているとは思えないという方のために，$(a+b)$ の1乗から10乗までの各項の係数だけを取り出して表にしてみました．こうしてみると，左右対称で整然とした数が並んでいるのがわかるでしょう．

　これらの数の間には，おもしろい規則性があります．表の中に点線で囲んだ逆三角形のところを見ていただくと，上段の21と35とを加えた値が下段の56になっていますが，この表のいたるところでこの関係が成立しています．この関係を利用すれば，表は下方へ

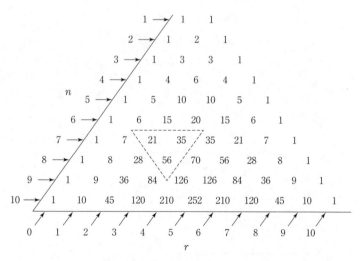

図 5.9　パスカルの三角形（${}_nC_r$ の値）

いくらでも増築していくことができます。図5.9はパスカルの三角
形などと愛称されて，各方面で利用されています。

　$_nC_r$ は二項式とは切っても切れない縁があるし，二項式は多項式
の中ではいちばん基本的な式ですから，$_nC_r$ は数式全般にかかわり
あいがあります。これも $_nC_r$ が数の貴族に選抜された理由のひとつ
ですが，なんといっても，$_nC_r$ は，$n$ 個から $r$ 個を取り出す組合せ
の数として有名であり，とくにそれが確率の計算に重要な役割を果
たすところに，$_nC_r$ の真価があります。

　確率をもっともわかりやすくいうと，つぎのように言えるでしょ
う。ある試みをしたとき，起こり得るケースが $N$ とおりあり，$N$
とおりのケースはすべて同じ可能性で起こると信じられるとしま
す。この $N$ ケースのうち，私たちが期待するケースが $R$ とおりあ
る場合，私たちが期待するケースが起こる確率は

$$p = \frac{R}{N}$$

であるというのです。

　一例として，10枚のコインを投げたとき，ちょうど表が5枚，
裏が5枚に別れる確率を計算してみましょう。まず，10枚のコイ
ンを投げたときに起こり得るケースの数は，ひとつひとつのコイン
が表か裏かの2とおりのケースがあるのですから

$$N = 2^{10} \text{ とおり}$$

です。私たちは，表と裏がちょうど5枚ずつになっていることを期
待しているのですが，それは10枚の中から5枚を取り出して表に
指定する組合せの数ですから

$$R = {}_{10}C_5 = 252 \text{ とおり}$$

です．したがって，私たちが期待した「10 枚のうち表がちょうど 5 枚になる確率」は

$$\frac{R}{N} = \frac{252}{2^{10}} = \frac{252}{1024} \fallingdotseq 0.246$$

と計算できます．

　一般的にいうと，ある試みをするごとに，ある事象が $p$ の確率で起こるとき，その試みを $n$ 回だけ繰り返したうち，その事象がちょうど $r$ 回だけ起こる確率 $P$ は

$$P = {}_nC_r P^r (1-p)^{n-r} \tag{5.34}$$

で表わされます*．このように，確率計算は ${}_nC_r$ なしではすますことができず，ここに ${}_nC_r$ の貴族としての面目が躍如されています．

　最後に

$$\qquad {}_nC_0 = 1 \qquad\qquad\qquad\qquad (4.6)\text{と同じ}$$

の理由を釈明しなければなりますまい．その前に，まず ${}_nC_n$ について考えてみます．これは，$n$ 個から $n$ 個を取り出すのですから，まったく選択の余地がなく，$n$ 個ともまとめて取り出す以外に手がありません．つまり，採用できる手は 1 とおりです．だから

$$\qquad {}_nC_n = 1 \tag{5.35}$$

は，現象的にも合点がいきます．では，${}_nC_0$ はどうかというと，$n$ 個から 1 個も取り出さないのですから，腕をこまねいて眺めている以外に方法がなく，だから ${}_nC_0$ も 1 とも思えるのですが，「なにもしない」のをひとつの手と認知するのは，社会常識となじまないようにも思えます．そこで，別のアプローチを採ります．

---

*　式 (5.34) については，『確率のはなし【改訂版】』85 ページに詳しく説明してあります．

$_nC_r$ には，ちょっと気の効いた性質があります．それは

$$_nC_r = {}_nC_{n-r}$$

　　　　ただし，ここでは $n>r$ 　　　　　　(5.36)

が成り立つことです．たとえば，5個から3個を取り出す組合せ
を，5個のうち3個に赤印をつける組合せと言い換えてみましょ
う．そして，私たちの行為を

　　　　赤印をつける　　⟶　　白印をつけない

　　　　赤印をつけない　⟶　　白印をつける

に変更します．そうすると「5個のうち3個に赤印をつける組合せ」
と「5個のうち2個に白印をつける組合せ」が，まったく等しい意
味を持つことになります．このように，「n 個から r 個を取り出す
組合せ」と「n 個から n−r 個を取り出す組合せ」は，常に等しい
のです．ただし，$n=r$ とすると「n−r 個を取り出す」は「なにも
取り出さない」ことを意味し，それをひとつの手とは認知できない
という立場に立っていますから，いまのところ，$n>r$ としておか
なければなりません．

　さて，これからあとは純粋に数学上の手続きです．r は n 個の中
から取り出す個数ですから，1，2，……，n 個のどれかです．0個
は「取り出さない」ことを意味しますから，この際は除外されます．
そこで，式(5.36)で $r=n$ としてみましょう．そうすると

$$_nC_n = {}_nC_0 \qquad\qquad (5.37)$$

となり，$_nC_n = 1$ を認めている以上

$$_nC_0 = 1 \qquad\qquad (4.6)と同じ$$

でないと，つじつまが合いません．だから，$_nC_0 = 1$ と約束する
ことにします．そしてこのように約束すると，二項式の展開は式

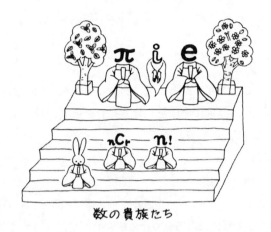

**数の貴族たち**

(5.33)のように規則正しく書けるし，パスカルの三角形は両端まできれいに対称になるし，いたるところ，ばんばんざいです．

### フィボナッチ数

数の貴族のどんじりに控えているのは，フィボナッチ数です．どんじりですから，爵位は男爵がいいところでしょうか．

34ページに書いたように，数列の初項と第2項を1とし，数列の各項をその前の2項の和になるように決めると

　　　1, 1, 2, 3, 5, 8, 13, 21, ……

という数列ができ，この数列は**フィボナッチ数列**と呼ばれるのですが，この各項の値を**フィボナッチ数**といいます．

どういうとき，フィボナッチ数が私たちとかかわり合いを持つかについて，フィボナッチ*自身が提起した「うさぎの問題」を例題に採り上げてみます．いま，ここに生殖能力を持ったひとつがいの

うさぎがいるとします。このうさぎは、1カ月後にはひとつがいの
うさぎを産みます。生まれたばかりのうさぎは生殖能力を持ってい
ませんが、1カ月するとその能力を備え、さらに1カ月後にひとつ
がいのうさぎを産みます。つまり、生まれたばかりのうさぎは、2
カ月後に子供を産むというわけです。さて、4カ月たったとき、う
さぎはなんびきになっているでしょうか。

　図5.10 を見てください。図の中で、⊕は生殖能力を持ったうさ
ぎのつがい、○は生殖能力を持たない赤ちゃんうさぎのつがいを表
わしています。できれば、⊕や○ではなく、おとなうさぎのつがい
と、赤ちゃんうさぎのつがいの絵を描いて、リアリティをもたせた
かったのですが、うまく描けないので、残念ながら無味乾燥な⊕と
○にしてしまいました。

　まず、スタート時には⊕が1つがいです。1カ月後にはスタート

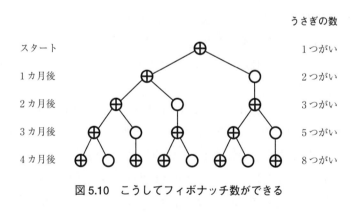

**図5.10　こうしてフィボナッチ数ができる**

---

＊　レオナルド・フィボナッチ(1170 ごろ〜 1250 ごろ)、イタリアの数学者。
　西洋におけるアラビア数字の導入において大きな影響を与えました。

時にいた⊕と，それが生んだ○とで，合計2つがいです．2カ月後には，スタート時の⊕と，それがまた生んだ○と，1カ月後に生まれた○が成長した⊕とで，合計3つがいに増えています．同様に図を追っていくと，3カ月後には5つがい，4カ月後には8つがいになることがご理解いただけるでしょう．こうして，うさぎのつがいは月がたつごとに

$$1,\ 2,\ 3,\ 5,\ 8,\ \cdots\cdots$$

と増えることになるのですが，これは，見事にフィボナッチ数列です．

このようなルールにしたがう繁殖は，私たちの身の回りにはときどき見られます．あるニュースが口こみで伝わるとき，はじめてニュースを知らされた人は，自分がニュースをそしゃくするのに若干の時間を費やすので，つぎの人への伝達がワン・テンポだけ遅れます．そうすると，ニュースはフィボナッチ数列に似た形で伝播されるはずです．また，木の枝が1年ごとに枝分かれしていくとき，新しく分岐した枝は繁殖力が弱いために2年後でなければ枝分かれしないなら，木の枝はフィボナッチ数列どおりに増えていくにちがいありません．

フィボナッチ数列は，このように自然現象や社会現象の数学モデルを作るときに役立つことがあるので，数学者ばかりではなく，自然科学者や，社会科学者にとっても興味深い数です．

フィボナッチ数には，このほか，数学的におもしろい性質がいくつも発見されています．たとえば，隣り合った2つの項の比を調べてみると，項数 $n$ の増加につれて大きくなったり小さくなったりしながら，ついには

$$\lim_{n \to \infty} \frac{a_n}{a_{n-1}} = \frac{1 + \sqrt{5}}{2}$$

に落ち着いてしまうとか，隣接する 2 つの項 $a_n$ と $a_{n-1}$ の間には

$$a_n{}^2 - a_n a_{n-1} - a_{n-1}{}^2 = 1 \text{ または } -1$$

の関係があるとか，です．フィボナッチ数の，このようなユニークな性質は，数の貴族の一員に推挙するに値すると，同意していただけるでしょうか.

　実は，このほかにも，数の貴族に推挙しようかしまいかと迷った数がいくつかありました．そのうちのひとつに**ピタゴラスの数**があります．それは，直角三角形に関するピタゴラスの定理（三平方の定理）が成り立つような 3 つの自然数の組合せで，たとえば

　　　3, 4, 5　　$(3^2 + 4^2 = 5^2)$

　　　6, 8, 10　　$(6^2 + 8^2 = 10^2)$

　　　5, 12, 13　　$(5^2 + 12^2 = 13^2)$

などがそうです．ピタゴラスの数についても話題はあるのですが，どうもパンチ力に欠けるので，今回は貴族への推挙を見送ることにしました．まあ，貴族の補欠とでもしておきましょうか.

# **6.** 数のチーム・カラー

―― 自然数から行列まで ――

## 整数はとびとびがとりえ

　昔，昭和一桁生まれの男性は，早死にする傾向があると言われていました．体ができ上がる成育期が第二次世界大戦末期から戦後の混乱期にぶつかったため，食料不足で満足に栄養を取れなかったのが原因のようです．しかし，その影響は男性にだけ現われて，女性にはまったく影響が残らなかったと言われています．いかにも不公平です．

　昭和一桁族の男性は，成長期の飢餓生活にもめげず，20 代，30 代はモーレツ社員として日本の高度成長のために命を張って働いてきました．けれども，50 歳を迎えるころになって疲れも出はじめるようになり，帰宅後，浴槽に体を沈めているときなど，オレも長い間がんばってきたなあと，みんな，自らをいとおしく思ったようです．そして，白いタイル張りの壁に囲まれた浴槽の中で，粗朶を焚く煙にむせながら木製の湯舟につかった少年時代に懐古の想いを寄せたりもして．私なども，薄暗い裸電球の光で湯気と煙の向こう側にかすむ杉材の羽目板や，格子窓を通して見える夜空などを思い

出すと，心がなごんで疲れがとれていくようでした．

けれども，近代的な白いタイル張りも，ときには私たちのイマジネーションをかきたててくれることがあります．とくに，正方形のタイルが張られていると，それはグラフ用紙のようなものですから，そのグラフ用紙の上にいろいろな図形を想像してみることができます．そのひとつが，直角三角形です．

直角三角形の3辺の長さを，$a$，$b$，$c$（斜辺）とすれば

$$a^2 + b^2 = c^2$$

であることは三平方の定理としてよく知られています．とくに

$$3^2 + 4^2 = 5^2$$

は，3辺の長さがいずれも整数なので覚えやすく，**エジプトの三角形**と尊称されています．で，タイル張りの壁の上に横に4目盛，縦

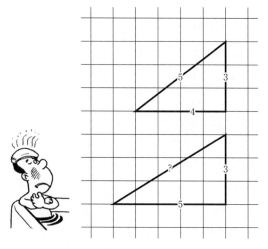

**図6.1　タイル張りの壁に描く空想の三角形**

に 3 目盛をとり，イマジネーションを働かせて斜辺を引くと，そこにエジプトの三角形の姿が浮かんできます．そして，ついでに横の目盛を 1 つふやして 5 目盛にしてタイルの上に三角形を空想してみると，斜辺の長さは 6 ぐらいに見えるので，おや，3 と 5 と 6 の間にも三平方の定理が成り立つのかなと，興味が湧いてきます．あまりロマンチックな空想ではないかもしれませんが，頭の体操くらいにはなりますから，湯舟に浸りながら試していただけませんか．

　ところで，3 辺の長さが，3，4，5 であるような直角三角形をエジプトの三角形と尊称するのですが，それは，整数のうちでもっとも小さな数字の組合せでできる直角三角形だからでしょう．前章の最後に書いたように

$$a^2 + b^2 = c^2$$

が成り立つ整数の組合せを**ピタゴラスの数**というのですが，ほんとうに (3，4，5) は，もっとも小さなピタゴラスの数でしょうか．

　これを確かめるのは，わけありません．$c$ を 4 としてみると $c^2$ は 16 です．$b$ は $c$ より小さくなければなりませんから 3 か 2 か 1 であることしか許されず，したがって $b^2$ は 9 か 4 か 1 です．そうすると，$a^2$ は

$$16-9 = 7 \quad か \quad 16-4 = 12 \quad か \quad 16-1 = 15$$

のどれかですが，いずれも平方に開くと整数にはなりません．こうして最大の数を 4 とするとピタゴラスの数は存在しないことがわかります．同様に，$c$ を 3 としても 2 としても 1 としても，ピタゴラスの数は存在しないことがすぐに判明しますから，(3，4，5) が最小のピタゴラスの数であることが証明されます．

　では，(3，4，5) のつぎに小さいピタゴラスの数を探してみてく

ださい．こんどは，ちょっと手間がかかります．いや，かかるよう
に思います．なにしろ，いろいろな整数の組合せについて，片っぱ
しから三平方の定理が成り立つかどうかを調べなければならないは
ずですから……．

　では，$c$ を 6，7，8，……と順に大きくしながらピタゴラスの数
を探していきましょう．まず，$c$ を 6 とします．$b$ は $c$ より小さい
整数ですから，5，4，3，……です．$b$ が 5 なら

$$a^2 = c^2 - b^2 = 6^2 - 5^2 = 36 - 25 = 11$$

となりますが，11 は平方に開くと整数にはなりませんからダメ．$b$
が 4 なら

$$a^2 = c^2 - b^2 = 6^2 - 4^2 = 36 - 16 = 20$$

となり，20 も整数には開けませんからダメ．つぎは，$b$ を 3 にし
てみる順番ですが，実は，ここで $c$ が 6 の場合の調査を打ち切りに
していいのです．なにしろ，$c^2$ を $a^2$ と $b^2$ とが同じ立場で分け合わ
なければならず，したがって，$b^2$ が $c^2$ の 1/2 以上を占める範囲を
調べてピタゴラスの数が存在しなければ，$a^2$ が $c^2$ の 1/2 以上を占
める範囲にも，ピタゴラスの数が存在しないことになります．つま
り，$b^2$ が $c^2$ の 1/2 未満の範囲には，ピタゴラスの数が存在しない
ことが確実だからです．こうして，斜辺が 6 であるようなピタゴラ
スの数は存在しないことがわかりました．

　同様にして，$c$ が 7，8，9，……の場合について，ピタゴラスの
数が存在するかどうかを調べてみたのが表 6.1 です．(3，4，5) の
つぎに小さいピタゴラスの数は

　　　(6，8，10)

のところに見つかりました．ついでですから，もう少し調べてみた

表 6.1　ピタゴラスの数を見つける

| $c$ | $c^2$ | $b$ | $b^2$ | $a^2$ | $a$ |
|---|---|---|---|---|---|
| 7 | 49 | 6 | 36 | 13 | — |
|  |  | 5 | 25 | 24 | — |
| 8 | 64 | 7 | 49 | 15 | — |
|  |  | 6 | 36 | 28 | — |
|  |  | 5 | 25 | 39 | — |
| 9 | 81 | 8 | 64 | 17 | — |
|  |  | 7 | 49 | 32 | — |
|  |  | 6 | 36 | 45 | — |
| ⑩ | 100 | 9 | 81 | 19 | — |
|  |  | ⑧ | 64 | 36 | ⑥ |
|  |  | 7 | 49 | 51 | — |
| 11 | 121 | 10 | 100 | 21 | — |
|  |  | 9 | 81 | 40 | — |
|  |  | 8 | 64 | 57 | — |
|  |  | 7 | 49 | 72 | — |
| 12 | 144 | 11 | 121 | 23 | — |
|  |  | 10 | 100 | 44 | — |
|  |  | 9 | 81 | 63 | — |
|  |  | 8 | 64 | 80 | — |
| ⑬ | 169 | ⑫ | 144 | 25 | ⑤ |
|  |  | 11 | 121 | 48 | — |
|  |  | 10 | 100 | 69 | — |
|  |  | 9 | 81 | 88 | — |

ら，つぎには

$$(5, 12, 13)$$

が見つかったのですが，はて，(6, 8, 10)と(5, 12, 13)とでは，どちらが小さいピタゴラスの数でしょうか．最小の値どうしを較べれば(5, 12, 13)のほうが小さいし，最大の値どうしを較べると(6, 8, 10)のほうが小さいので困ってしまいます．「小さいピタゴラスの数」の意味をきちんと約束しておかなければいけませんでした．仕方がありませんから，この際，ピタゴラスの数の特徴 $a^2 + b^2 = c^2$ を尊重し，$c^2$ の小さいほう，つまり最大の値 $c$ が小さいほうに軍配を挙げることにして，(6, 8, 10)を採用しましょう．

　ピタゴラスの数を探すための表6.1 は，数字はたくさん並んでいますが，計算手順はごくやさしいので，10分もあれば誰にでも作れるはずです．一般的にいうと，数式を解く場合，あてずっぽうに数値を代入していき偶然に正解にぶつかることを期待するのは愚の骨頂です．そんなことをしていたら，たとえば

$$\begin{cases} 6x - 2y = 3 \\ 2x + 2y = -1 \end{cases}$$

という未知数がたった2つの簡単な連立1次方程式を解くのにさえ，かなりの時間を要するでしょう．それにもかかわらず，未知数が3つともいえるピタゴラスの数を，片っぱしから数値を代入していくことによって，10分とかからずに2種類も発見できました．どうして，こうもうまくいったのかというと，それは，a, b, c がいずれも整数であることがわかっていたからです．

整数はとびとびの値です．整数の間には無数の小数がつまっているのですが，これらをぜんぶ無視して整数だけを対象とするなら，数の話もぐっと単純になるのが道理です．連立1次方程式にしたところが，前ページのものは整数ばかりが対象とは限定していないので，あてずっぽうで答えを見つけるのは容易ではありませんでしたが，答えが整数とわかっていれば，同様な連立1次方程式

$$\begin{cases} 2x + y = 4 \\ 4x - 3y = -2 \end{cases}$$

の答えをめのこで見つけるのはそう難事ではありません．要するに，整数がとびとびの値であることが，整数の世界の出来事を単純なものにしている，といえるでしょう．

## 割りきれ判定法

入学試験の受験番号や宝くじの番号は，3で割りきれると縁起がいいというジンクスがあるそうです．そのジンクスを信じる人たちは，番号を手にするとすぐに3で割りきれるかどうかをチェックするのですが，そのとき，たいていの人は数桁の番号を3で割ってみるのではなく，番号に並んだ数字をぜんぶ加えた値が3で割りきれ

るかどうかをチェックします．各桁の数字の和が3で割りきれれば，もとの番号も3で割りきれるからです．たとえば 375,612 は，各桁の数字をぜんぶ加えると 24 になり，24 は3で割りきれるから，375,612 も3で割りきれる，というぐあいに，です．そこで，与えられた整数の各桁の数字の和が3で割りきれるなら，もとの整数も3で割りきれることを証明してください．

まず，もとの整数が3桁の場合について証明しましょう．もとの整数の百の桁は $a$，十の桁は $b$，一の桁は $c$ であるとすると，もとの整数は

$$100a + 10b + c$$

です．これを変形していくと

$$= 99a + 9b + (a + b + c)$$

$$= 3(33a + 3b) + (a + b + c) \tag{6.1}$$

となります．この第1項は，（ ）の外に3がかかっているくらいですから，3で割りきれることは絶対に確実です．そうすると第2項，つまり $(a + b + c)$ が3で割りきれさえすれば，全体も3で割りきれるにちがいありません．逆に，第1項を3で割ったあとに余りはありませんから，$(a + b + c)$ が3で割りきれなければ，全体も3で割りきれるはずがありません．したがって，各桁の数の和が3で割りきれることは，もとの整数が3で割りきれるための必要かつ十分な条件です．

いまは，もとの整数が3桁の場合でしたが，4桁なら

$$1000a + 100b + 10c + d$$

$$= 3(333a + 33b + 3c) + (a + b + c + d)$$

ですし，5桁，6桁，……と，どこまでいっても同じことです．

　3で割りきれるか否かの判別法は以上のとおりですが，ついででですから，他の数についても割りきれの判定法を紹介しておきましょう．以下，いずれも必要かつ十分な条件です．

　**2**　一の桁が2で割りきれること

　**4**　一の桁に十の桁の2倍を加えたものが4で割りきれること（例：5132は，$2+3×2=8$が4で割りきれるから，割りきれる）

　**5**　一の桁が0か5であること

　**6**　偶数で，4かつ，各桁の数の和が3で割りきれること

　**7**　3(一の桁)＋2(十の桁)－(百の桁)－3(千の桁)－2(万の桁)＋(十万の桁)が7で割りきれること．桁数がもっと多い場合には$(3, 2, -1, -3, -2, 1)$を必要なだけ繰り返す（例：3,932,061は，$3×1+2×6-1×0-3×2-2×3+1×9+3×3＝21$が7で割りきれるから，割りきれる）

　**8**　(一の桁)＋2(十の桁)＋4(百の桁)が8で割りきれること

　**9**　各桁の合計が9で割りきれること

　**10**　いまさら書くまでもないでしょう

　これらの判定法のうち，7についての判定法には実用価値があるとは思えません．こんなことをやるより，頭から7で割ってみるほうが，よほど速いでしょう．また，8もややめんどうです．下3桁を8で割ってみるほうが速そうです．1000を単位とする数は8で割りきれますから，下3桁に並んだ端数が8で割りきれるかどうかだけを心配すればいいからです．また，4も下2桁を4で割ってみるほうが速いかもしれません．

　けれども，2，3，5，6，9についての判定法は，じゅうぶんに実

用価値がありますから，覚えておいて損はありません．もっとも，2や5についての判定法は，すでに常識かもしれませんが．

これらの判定法の証明は，いずれもたいしてむずかしくはありません．3の場合と同じような手順でことが運びますから，長～い夜のつれづれに試みていただければと思います．ここでは趣向を変えて

$$n^3 - n \quad は \quad 3 で割りきれる$$

ことを証明してみましょう．もちろん，$n$ は整数です．

$$n^3 - n = n(n^2 - 1)$$
$$= n(n + 1)(n - 1) = (n - 1)n(n + 1) \qquad (6.2)$$

なんのことはありません．$n^3 - n$ を因数分解しただけですが，しかし，見てください．$n$ をはさんで，$n$ より1だけ小さい整数と，$n$ より1だけ大きい整数とが並んでかけ合わされているではありませんか．連続した3つの整数の中には，3で割りきれる数が必ず1つだけ含まれているはずです．したがって，$n^3 - n$ は，必ず3で割りきれる仕掛けになっています．同様に

$$n^5 - n \quad は \quad 5 で割りきれる$$

$$n^7 - n \quad は \quad 7 で割りきれる$$

ことも証明できますから，各人で挑戦してみていただけると幸いです*．

---

\* $n^3 - n$ が3で割りきれ，$n^5 - n$ が5で割りきれ，$n^7 - n$ が7で割りきれるのなら，$n^9 - n$ は9で割りきれるにちがいないと思うのですが，そうは問屋がおろさないから不思議です．

## 余りものに福あり

　前節で，ある整数が9で割りきれるための必要で十分な条件は，各桁の数の合計が9で割りきれることだと書きました．これは，176ページの式(6.1)の一部を利用して

$$100a + 10b + c = 9(11a + b) + (a + b + c) \qquad (6.3)$$

とすれば，右辺の第1項は9で割りきれるから，あとは$a + b + c$，つまり各桁の合計が9で割りきれるかどうかが決め手，と合点がいきます．これに対して，各桁の合計が9で割りきれずに余りが出てしまったらどうでしょうか．もちろん，元の整数は9で割りきれないのですが，この'余り'になにか利用価値はないのでしょうか．

　実は，この'余り'に大きな利用価値があるのです．その第1は，各桁の合計を9で割った余りは，元の整数を9で割った余りに等しいことです．たとえば，1,234,567という7桁の数字についていうと

$$1 + 2 + 3 + 4 + 5 + 6 + 7 = 28$$

$$28 \div 9 = 3 \quad \cdots\cdots \quad あまり 1$$

ですが，いっぽう

$$1{,}234{,}567 \div 9 = 137{,}174 \quad \cdots\cdots \quad あまり 1$$

というぐあいです．だから，桁数の多い整数を9で割ったときの余りを知りたければ，各桁の合計を9で割ったときの余りを求めればいいわけです．この性質を3桁の整数の場合を例にして証明してみましょう．前と同じように，百の桁を$a$，十の桁を$b$，一の桁を$c$とすると

$$100a + 10b + c = 9(11a + b) + (a + b + c) \qquad (6.3)と同じ$$

ここで，$a$も$b$も$c$も0〜9の間の値ですから，$a + b + c$は0〜

27 の間にあります. で, これは

$$a+b+c = 9t+r \tag{6.4}$$

$\quad\quad\quad r$：各桁の合計を 9 で割ったときの余り

と書くことができます. そうすると, 元の整数は

$$100a+10b+c = 9(11a+b) + 9t+r \tag{6.5}$$

です. これを 9 で割ってみてください.

$$\{9(11a+b) + 9t+r\} \div 9$$

$$= 11a+b+t \quad\cdots\cdots \quad \text{あまり } r \tag{6.6}$$

となるではありませんか. すなわち, 元の整数を 9 で割ったときの余りは, 各桁の合計を 9 で割ったときの余りとぴったり一致します.

　各桁の合計を 9 で割ったときの余りは, つぎのような場合に, さらに偉力を発揮します. つぎのかけ算を検算してください. 電卓などは使いっこなしです.

$$25{,}094 \times 3{,}729 = 93{,}575{,}526$$

この検算は, 筆算でやってもそれほど手間はかかりません. けれども, 「各桁の合計を 9 で割ったときの余り」を使うと, もっとらくに検算できるのです.

　　　　25,094 の合計　20　9 で割った余り　2

　　　　 3,729 の合計　21　9 で割った余り　3

　　93,575,526 の合計　42　9 で割った余り　6

ここで余りだけに注目して $2 \times 3 = 6$ が合っているから検算に合格, とやればいいのです\*.

　同じような検算をもうひとつやってください.

---

\*　この検算法は, 残念ながら完全無欠とはいえず, まちがった計算がこの検算では合格することがたまにありますので念のため…….

$$130{,}029 \times 4{,}259 = 553{,}793{,}511$$

まったく同じ手順で

130,029 の合計　15　9 で割った余り　6

4,259 の合計　20　9 で割った余り　2

553,793,511 の合計　39　9 で割った余り　3

こんどは，$6 \times 2 = 3$ ではありませんから計算ちがい，と思うのですが，そうではありません．9 で割った余りが 3 のときには，商から 9 をゆずり受けて 12 にすることも許してもらい，$6 \times 2 = 12$ だから検算に合格，としていただいて差し支えありません．

　たし算の場合にも，9 で割った余りを使って同様な検算ができます．たとえば

$$2455 + 3079 = 5534$$

を例にとれば

2455 の合計　16　9 で割った余り　7

3079 の合計　19　9 で割った余り　1

5534 の合計　17　9 で割った余り　8

となり，$7 + 1 = 8$ だから OK というようにです．わり算はかけ算の逆，ひき算はたし算の逆を使えばいいことは，ご想像のとおりです\*．

　「9 で割った余り」を使ったこのような検算法は**九去法**と呼ばれ，電卓がなかったころ，筆算で長い計算をしたときに有効な検算法と

---

\*　「9 で割った余り」を使って加減乗除の検算ができることを証明するのはむずかしくありませんが，ページを食うので省略しました．必要な方は『和算書「算法少女」を読む』小寺裕著，筑摩書房，などを参考にしてください．なお，インターネット上でもいろいろ公開されています．

余りもので
全体の構造がわかる

して利用されたものでした．これらは，10，100，1000，……が，いずれも9で割ると1が残るという性質を利用しており，10進法を使った整数どうしの計算だからこそ成り立つルールなのです．

　10進法を使った整数の世界では，「9で割った余り」が重要な意味を持つことが少なくありません．その証拠に，こんなクイズはいかがでしょうか．勝手に10個の自然数を選んでください．たとえば

　　　3　8　16　50　75　99　101　137　888　1226

というようにです．そしてこの中から2個をとり出して差を作るのですが，その差の中には9で割りきれる値が少なくとも1つは必ずあります．いまの例では

　　　75－3 = 72

　　　1226－101 = 1125

などがそうですが，どのように10個の自然数を選ぼうとも，この鉄則は崩れません．この理由を説明してください．

　どんな整数でも9で割ったときの余りは，0から8までの9種類のどれかです．そこで，選んだ10個の自然数を9で割ったときの

余りによって9種類に分類します. そうすると, 10個を9種類に分類するのですから, 同じ分類に同居してしまう値が必ず1組以上はあるにちがいありません. ところが, 同じ分類に同居した2つの値は, 9で割った余りを $r$ とすれば

$$9m+r, \quad 9n+r \qquad (m, n \text{ はともに正の整数})$$

で表わされるはずですから, 2つの値の差は

$$(9m+r) - (9n+r) = 9(m-n) \qquad (6.7)$$

であり, これは9で割りきれる数です.

このように, ある数で割ったあとの余りに注目すると, いろいろとおもしろい性質が発見されることが少なくありません. そこで, すべての整数をある整数 $m$ で割った余りは, 0, 1, 2, ……, $m-1$ のどれかになることに注目し, 余りによって $m$ 個のグループに分類したうえで **$m$ を法とする剰余系** などと名づけ, その系の性質を調べあげたりすることが, 数学の世界では行なわれています.

整数の性質には, ご紹介したいものがこのほかにもたくさんあるのですが, きりがありませんから, 肩ほぐしのクイズを差し上げて終わりたいと思います. つぎの数字の間に, ＋－×÷( )だけを挿入して＝が成り立つようにしてください. たとえば

$$3 \times 3 + 3 - 3 = 9$$

のようにです.

$$3 \quad 3 \quad 3 \quad 3 = 0$$
$$3 \quad 3 \quad 3 \quad 3 = 1$$
$$3 \quad 3 \quad 3 \quad 3 = 2$$
$$3 \quad 3 \quad 3 \quad 3 = 3$$
$$3 \quad 3 \quad 3 \quad 3 = 4$$

$$3 \quad 3 \quad 3 \quad 3 = 5$$
$$3 \quad 3 \quad 3 \quad 3 = 6$$
$$3 \quad 3 \quad 3 \quad 3 = 7$$
$$3 \quad 3 \quad 3 \quad 3 = 8$$
$$3 \quad 3 \quad 3 \quad 3 = 9$$
$$3 \quad 3 \quad 3 \quad 3 = 10$$

ただし，9のところは $3 \times 3 + 3 - 3$ 以外の方法を見つけていただきましょう．たくさんの作り方がありますが，念のために，答えの一例を付録につけておきました*．

## なにげなく，そして重要な定理

　整数の世界での話が進んできましたが，整数の世界では素数を素通りするわけにはいきません．すでに7ページでも触れたように，**素数**は1か自分自身でしか割りきれない数で

　　　2, 3, 5, 7, 11, 13, 17, 19, 23, ……

と続くのですが，素数以外の自然数は，すべて素数をかけ合わせて作ることができます．まるで数の素のような数だから素数と呼ばれるのです．これに対して，素数以外の自然数は，素数をかけ合わせてできた数なので，**合成数**と呼ばれています．

---

\* この手のクイズでもっと凝ったものとして，フォア・フォアーズというパズルがあります．4つの4で0〜10を作るのですが，この場合には，＋ － × ÷ ( ) のほかに $\sqrt{\phantom{x}}$ が必要になります．なお，2つの4を並べて44という値とみなし

　　$(44 - 4) \div 4 = 10$

などとやるのは，ルール違反です．

　なお，自然数の中で 1 だけは特別扱いで，素数にも合成数にも入れないのがふつうです．その理由は，あとで述べます．

　さて，合成数は素数がかけ合わされたものですから，その逆に，合成数は素数に分解することができます．たとえば

$$1,034,586 = 2 \times 3 \times 3 \times 3 \times 7 \times 7 \times 17 \times 23$$
$$= 2 \cdot 3^3 \cdot 7^2 \cdot 17 \cdot 23$$

のように，です．このように，合成数を素数にまで分解することを**素因数分解**と呼んでいます．そして，たいせつなことは，素因数分解には 1 通りのやり方しかないということです．たとえば 1,034,586 は，2 が 1 個，3 が 3 個，7 が 2 個，17 と 23 がそれぞれ 1 個という素数の組合せ以外には，決して分解されないのです．これは，**整数論の基本定理**[*]といわれるほど重要な定理です．なぜ，それほど重要かについてはあと回しにして，まず，この定理を証明しておきましょう．ひとつひとつ証明しながら先へ進むのが数学の本道だからです．

　証明のしかたは背理法です．いま，ある整数 $M$ は，2 通りの素因数分解ができるとしてみましょう．すなわち

$$M = a_1^{r_1} \cdot a_2^{r_2} \cdot \cdots\cdots \cdot a_i^{r_i} \tag{6.8}$$
$$M = b_1^{s_1} \cdot b_2^{s_2} \cdot \cdots\cdots \cdot b_j^{s_j} \tag{6.9}$$

が同時に成り立つとします．もちろん，$a_i$，$b_j$ などは，ぜんぶ素数です．さて，式(6.8)によって $M$ は $a_1$ で割りきれますが，いっぽう式(6.9)も成り立つのですから

$$b_1^{s_1} \cdot b_2^{s_2} \cdot \cdots\cdots \cdot b_j^{s_j} \quad \text{は} \quad a_1 \text{で割りきれる}$$

[*]　整数論は，整数の個性を研究する数学の一分野で，単に数論と呼ばれることもあります．

ということになります．そのためには，$b_1$, $b_2$, ……, $b_j$ のうちの
どれかが，$a_1$ で割りきれなければなりません．そこでかりに，$b_8$
あたりが $a_1$ で割りきれるとしてみましょう．$b_8$ は素数ですから，
$b_8$ を割りきれる数は 1 と $b_8$ としかありません．そうすると，どう
しても

$$b_8 = a_1$$

でなければつじつまが合いません．$a_2$, $a_3$, ……などについても
まったく同じ理屈で，$b_8$ を除いた $b_1$, $b_2$, ……などのどれかと等
しいはずです．つまるところ，$a_1$, $a_2$, ……, $a_i$ と，$b_1$, $b_2$, ……,
$b_j$ とは，全体として完全に一致してしまうはずです．したがって，
式 (6.8) と式 (6.9) とは，完全に同一の内容を持った式でなくてはな
りません．はじめに 2 通りの素因数分解ができるとした仮定は，無
残にも崩れてしまいました．素因数分解には 1 通りのやり方しかな
いのです．

　ところで，かりに 1 も素数とみなしたらどうでしょうか．たとえば

$$15 = 3 \times 5 \quad \text{or} \quad 3 \times 5 \times 1 \quad \text{or} \quad 3 \times 5 \times 1 \times 1 \quad ……$$

と，いくらでもつづき，せっかくの基本定理がむちゃくちゃになっ
てしまいます．これではぐあいが悪いので，1 は素数の仲間には入
れないことに約束します．

　ずいぶん紙面を使って素因数分解は 1 通りしかないという基本定
理について述べてきましたが，なぜ，これだけのことがそれほど重
要なのでしょうか．

　たとえば，ある分数について考えてみてください．分子と分母を
それぞれ素因数分解し，分子と分母に共通な素数は消去します．こ
れは '約分' として知られた操作です．こうして約分が終わった分

数の一例を

$$\frac{a \cdot b^2 \cdot c}{d^3 \cdot e}$$

とでもしてみましょうか. もちろん, $a$, ……, $e$ はぜんぶ素数です. この場合, ここが肝腎なところですが, この分数は, これ以外の素数の組合せで書くことは絶対にできません. それが, 整数論の基本定理なのです.

さて, この分数を2乗, 3乗, ……と累乗してみます. そうすると

$$\frac{a^2 \cdot b^4 \cdot c^2}{d^6 \cdot e^2}, \ \frac{a^3 \cdot b^6 \cdot c^3}{d^9 \cdot e^3}, \ \cdots\cdots$$

となりますが, 新しい素数が導入されることはありませんから, 分子と分母がさらに約分できるはずがなく, いつまでたっても分数のままです. うまいぐあいに分子と分母が約分されて, 整数になってしまうことなど, あり得ないのです.

そこで, です. $\sqrt{2}$ という数を思い出してください. 第4章の最後のあたりで, $\sqrt{2}$ は分数では表わすことができず, こういう数を無理数というと書き, $\sqrt{2}$ が無理数であることを無理やりに証明したのでした. けれども, 整数論の基本定理から「分数はいくら累乗しても決して整数にはならない」という事実を導き出した今となっては, $\sqrt{2}$ が無理数であることなど, 言わずもがな, です. なぜって, $\sqrt{2}$ は2乗すれば整数になってしまいますから, $\sqrt{2}$ は分数であるはずがないではありませんか. したがって, $\sqrt{2}$ は無理数です. 付言すれば, $\sqrt{4}$ や $\sqrt{9}$ のように平方に開くと即, 整数というものを除けば, 整数の平方根はぜんぶ無理数に決まっています.

素因数分解は1通りしかないという基本定理の応用例をたった1

つだけ紹介しましたが，ほかにもこの定理からは，数に関するたくさんの性質が導き出されています．そこが，基本定理という最大の尊称を与えられたゆえんでしょう．

## 素数は，いくつあるか

素数は，すでに書いたように

2,　3,　5,　7,　11,　13,　17,　19,　23,　……

とつづくのですが，だんだんと大きな数になるにつれて，なにかで割りきれそうに思えますから，きわめて大きな素数はごく少ないのではないでしょうか．ひょっとすると，素数のかずは有限個しかないのかもしれないという気がします．けれども，事実はそうではありません．素数は無限にあるのです．そのようなことが，なぜわかるのかというと，つぎのとおりです．

まず，素数のかずが有限だと仮定しましょう．あ，また背理法だな，と手の内を読まれてしまったようですが，ご明察のとおりです．素数のかずが有限なら，その中で最大の素数があるはずですから，それを $p$ とします．そして，$p$ より小さな素数をぜんぶかけ合わせたあげくに 1 を加えた新しい数を作ります．

$$2\times3\times5\times7\times\cdots\cdots\times p+1 = n \qquad\qquad (6.10)$$

この $n$ は，2 でも 3 でも……（中略）……$p$ でも割りきれません．いつでも 1 だけ余ってしまうからです．そうすると，この $n$ そのものが新しい素数なのかもしれません．たとえば

$$2\times3\times5+1 = 31$$

$$2\times3\times5\times7+1 = 211$$

$$2 \times 3 \times 5 \times 7 \times 11 + 1 = 2311$$

など，みな新しい素数です．もしそうなら，$p$ よりも大きな素数が発見されたことになり，$p$ が最大の素数，という仮定をもろにぶちこわしてしまいます．

かりに一歩ゆずって，$n$ が素数ではなく合成数であるとして，それを素因数に分解したとしてみましょう．分解された素因数には $p$ および $p$ より小さな素数

$$2, \ 3, \ 5, \ 7, \ \cdots\cdots, \ p$$

が含まれていることはありません．なにしろ，$n$ は 2, 3, ……, $p$ のどれでも割りきれないのですから．そうすると，$n$ が素因数分解できたとすると，そこには $p$ よりも大きな素数が現われなければ理屈に合いません．またもや，$p$ が最大の素数，という仮定はぶちこわしです．

素数のかずが有限であり，$p$ を最大の素数とすれば，とやってみると，どうしても $p$ より大きな素数が存在しないとつじつまが合いません．これで，素数が有限個しかないという仮定は誤りで，素数が無限にあることがわかりました．

素数が無限にあることは了解しましたが，では，素数をつぎつぎに作り出せるような公式があるかというと，残念ながら完全な公式は発見されていないようです．たとえば，フランスの数学者フェルマー（1607 ～ 1665）は

$$2^{2^{n}} + 1$$

の $n$ に 1, 2, 3, ……を代入していけば，大きな素数が作れるのではないかと提案しました．たしかに，1, 2, 3, 4 を代入すると，5, 17, 257, 65,537 という素数ができ，問題解決かと思われた時期もあ

**表 6.2　大きな数ほど素数は少ない**

| 範　囲 | 素数のかず | 出現率 (%) |
|---|---|---|
| $1 \sim 10$ | 4 | 40.0 |
| $10 \sim 10^2$ | 21 | 23.3 |
| $10^2 \sim 10^3$ | 143 | 15.9 |
| $10^3 \sim 10^4$ | 1061 | 11.8 |
| $10^4 \sim 10^5$ | 8363 | 9.3 |
| $10^5 \sim 10^6$ | 68906 | 7.7 |

りましたが，5 を代入して得た 4,294,967,297 が，あとになって 641 と 6,700,417 とに分解できることが見つかり，この公式も完全ではないことがわかった，というようにです.

ただ，近年のコンピュータの発達によって多くの素数の存在が明らかになってきて，数が大きくなるにつれて，素数の存在はまばらになることがわかっています. その様子を，表 6.2 でみてください. 1 から 10 の間には， 2, 3, 5, 7 の 4 つの素数があり，10 個の整数のうち 40% が素数ですが，$10 \sim 100$ の間では 23.3%，$100 \sim 1000$ の間では 15.9% という調子に，素数の存在がまばらになっていることが，わかるでしょう.

ちなみに，現在発見されている最大の素数は，なんと 2486 万 2048 桁だそうです.

さあ，ぼつぼつ整数の世界から脱出し，もっと広い世界を探索するときがきたようです. 最後に，'余り' と '素数' に関係があるクイズを解いて，整数を卒業しようと思います.

$n$ が素数（ただし，3 より大きい）であれば，$n^2+2$ は合成数であることを証明してください. こんどは，背理法ではなく，正面突破です.

$n$ を 6 で割り，その余りを $r$ とすると

$$n = 6m + r \tag{6.11}$$

となります. $r$ は，0, 1, 2, 3, 4, 5 のいずれかです. ところが

$r = 0$　なら　$n = 6m$　　　2, 3 で割りきれる

$r = 2$　なら　$n = 6m+2$　2 で割りきれる

$r = 3$　なら　$n = 6m+3$　3 で割りきれる

$r = 4$　なら　$n = 6m+4$　2 で割りきれる

ですから，いずれも $n$ は素数ではありません．つまり，$n$ が素数である以上，余りが 0, 2, 3, 4 にはならないのです．したがって，余りは 1 か 5 のはずです．

　まず，$r$ が 1 なら，$n = 6m+1$ですから

$$n^2+2 = (6m+1)^2+2 = 36m^2+12m+3$$

となって，これは 3 で割れるので合成数です．つぎに，$r$ が 5 なら，$n = 6m+5$ ですから

$$n^2+2 = (6m+5)^2+2 = 36m^2+60m+27$$

となり，これも 3 で割れるので合成数です……証明終り．

　この証明では，$n$ が 3 より大きな素数であるというヒントを生かして，3 より小さな素数 2 と 3 との積 6 で割り，その余りに注目したところが，頭のいいところでした．


## 循環小数が生まれるメカニズム

　近代における計算法を画期的に発展させた三大発明として，いま私たちが使い慣れている記数法，小数，対数の 3 つを挙げることがあります．記数法については，すでに 103 ページに述べました．対数については他の本*にゆずることにして，ここでは，小数の性質についてご紹介しようと思います．

　なにはともあれ，分数と小数の関係をきちんとしておかなければ

なりません．83 ページでは，循環小数を分数に変える方法を説明しておきながら，どのような分数が循環小数になるかについては説明していませんでした．115 ページでは，分数には有限小数になるものと循環小数になるものとがあると書きっぱなしにしてあるので，その責任をとらなければならないからです．

〔その 1〕　分数のうち，有限小数になるのは約分したあとの分母が

$$2^n \text{ か } 5^n \qquad \text{ただし，} n = 1, 2, 3, \cdots\cdots$$

か，あるいはこれらの積である場合だけに限ります．たとえば

$$\frac{3}{2^3} = \frac{3}{8} = 0.375$$

$$\frac{91}{5^3} = \frac{91}{25} = 3.64$$

$$\frac{231}{2 \times 5^4} = \frac{231}{1250} = 0.1848$$

などは有限小数になりますが

$$\frac{7}{2 \times 3} = \frac{7}{6}, \quad \frac{143}{5 \times 7} = \frac{143}{35}$$

などは，有限小数にはなりません．それは，つぎの理由によります．素因数分解には 1 通りのやり方しかないという，整数論の基本定理を脳裏に浮かべながら読み進んでください．

　分数の分子分母を素因数に分解して約分した結果を

---

＊　対数については『関数のはなし(上),(下)【改訂版】』でたっぷりとおしゃべりさせていただきました．

$$\frac{a \cdot b^2 \cdot c}{d^3 \cdot e}$$

とでもしてみましょう．この分数が有限小数であるためには

$$\frac{a \cdot b^2 \cdot c \times 10^m}{d^3 \cdot e}$$

　　　　　ただし，$m$ は有限小数のコンマ以下の桁数

が割りきれなければなりません．なにしろ，有限小数は $10^m$ をか
けると整数になるのですから……．

　ここで，10 を割りきれる素数は 2 と 5 だけであることをヒントに，
この分数を書き直すと

$$\frac{a \cdot b^2 \cdot c \times 2^m \times 5^m}{d^3 \cdot e}$$

となりますが，$a$，……，$e$ は互いに共通な因子を持ちませんから，
この分数が割りきれるためには

$$\frac{2^m \times 5^m}{d^3 \cdot e}$$

が割りきれることが必要かつ十分な条件です．さて，$d$ も $e$ も素数
ですから，このためには，$d$ と $e$ が 2 と 5 である必要があり，また，
2 か 5 であれば必ず割りきれます．かりに

$$d = 2, \quad e = 5$$

としてみましょう．

$$\frac{2^m \times 5^m}{2^3 \times 5} = 2^{m-3} \times 5^{m-1} \quad (\text{ただし}, \ m \geqq 3)$$

となって，見事に割りきれます．一般に，分母が $2^u \cdot 5^v$（$u$ も $v$ も
正の整数）なら

$$\frac{2^m \times 5^m}{2^u \times 5^v} = 2^{m-u} \times 5^{m-v} \tag{6.12}$$

となり, $m-u \geqq 0$, $m-v \geqq 0$ である限り, いつでも割りきれます. 逆にいうと, 有限小数のコンマ以下の桁数 $m$ は, この条件を満たすように決まってしまうわけでもあります. こうして, 分数が有限小数で表わされるための必要かつ十分な条件は, 約分した分数の分母が $2^n$ か $5^n$, あるいはこれらの積であることの説明がつきました.

〔その 2〕 それ以外の分数は, ぜんぶ循環小数になります. その理由は, 次ページの割り算を見ていただくとわかります. これは, 4 を 7 で割っているところです. 各段階で割り算が行なわれていますが, そのときの '余り' に注目してください.

5, 1, 3, 2, 6

ときたあげくに, 4 が現われます. 4 が現われると, もういけません. なにしろ, この計算は 4 を 7 で割っているのに, ここから再び

**表 6.3　なぜ循環するか**

```
       0.571428 …… 以下, 繰返し
  7 )  40
       35
      ────
       50
       49
      ────
       10
        7
      ────
       30
       28
      ────
       20
       14
      ────
       60
       56
      ────
        4 …… 振出しへ戻る
```

4 を 7 で割ることの繰返しです. そして, 繰り返してみたところで各段階の割り算での余りはもういちど, 5, 1, 3, 2, 6 につづいて, また 4 が現われることが確実です. こうして循環小数が誕生してしまいます.

　うまいぐあいに 4 が現われないまま無限に割り算が進行すれば, 循環小数にならずにすむではないかとお考えの方がおられるかもし

れませんが，そうは問屋が卸しません．'余り'に5が現われれば，2段階めの割り算から以降の繰返しですし，1が現われると3段階めの割り算から繰り返すはめになるからです．そして，あいにくなことに，'余り'は7で割る割り算では7以上になれず，さらに，余りが0なら割切れることを意味しますから，割りきれない場合には，1，2，3，4，5，6の，6種類の余りしか存在し得ません．したがって，7で割る場合には，いちばんうまくいったときでも，6桁までしか循環しない小数しか並ばないはずです．

このように，割りきれない分数を小数に直すと，循環しない小数は分母の数より1だけ少ない桁数しか並ぶことができません．だから，割りきれない分数は必ず循環小数になるのです．

こうして分数は，割りきれて有限小数になるか，さもなければ，循環する無限小数になることがわかりました．


## 有理数を展望すれば

整数と分数とをひっくるめて**有理数**と呼ぶことは，いまさら申し上げる必要もありません．整数は，分母が1である分数とみなすこともできますから，有理数とは広い意味での分数といってもいいし，また，有理数とは2つの整数の比であるということもできるでしょう．

数学的な立場からいうと，有理数の世界の第1の特徴としては，加減乗除の四則演算が，有理数の世界の中だけで必ず成り立つことを挙げなければなりません．すなわち，$r$ と $s$ とがともに有理数であれば

有理数の世界は
完全なように見えて実は穴だらけ

$$r+s, \quad r-s, \quad r \times s, \quad r \div s \quad (s \neq 0)$$

は，常に有理数になります．このことを集合論の用語では「有理数集合は四則演算について閉じている」と，気どっていうのです．

　ちなみに，整数の集合は，加減乗の三則演算については閉じていますが，除法については閉じていません．その証拠に $2 \div 3$ は整数にはならず，他の世界の数を借りてこなければならないではありませんか．また，自然数の集合は加法と乗法については閉じていますが，減法と除法については閉じていません．証拠は各人で摘発してください．

　整数の世界の第2の特徴は，つぎのとおりです．2つの有理数の間には必ず別の有理数が存在します．2つの有理数をどんなに近い値に選んでも，です．たとえば

$$\frac{a}{b} \quad と \quad \frac{c}{d}$$

とが，もうほとんど同じくらい近い値だとしても，この2つの値のちょうど中間には

$$\frac{1}{2}\left(\frac{a}{b}+\frac{c}{d}\right) = \frac{ad+cb}{2bd} \tag{6.13}$$

という値が存在しますが，この値は明らかに有理数です．そして，この値と $a/b$ の中間には他の有理数が存在するし，その有理数と $a/b$ との中間にも別の有理数が存在するし……．つまり，どんなに近い値の間にも，必ず有理数が存在しています．こういう状態を稠密（ちゅうみつ）と呼んでいます．

　どんなに近い値の間にも他の有理数が存在するなら，結局のところ127ページのイラストのように，直線上に並べられた実数の世界は，有理数だけでべったりと埋めつくされているように思えます．けれども，事実は第4章に書いたように，分数つまり有理数は，ものすごく小刻みではありますが，しょせんはとびとびの値にしかすぎず，そのすき間を無理数がべったりと埋めつくしているのです．だから，有理数は連続とはいわずに，稠密などという聞き馴れない用語を使わなければなりません．

　さあ，わからなくなってきました．2つの有理数の間には，必ず別の有理数が存在するという事実と，ものすごく小刻みであろうとなかろうと，有理数はとびとびの値にしかすぎないという事実は，完全に矛盾しているではありませんか．この矛盾はどこからきたのでしょうか．

　実は，ここにも無限の世界のミステリーが顔を覗かせているのです．2つの有理数の間には，必ず別の有理数が存在するという事実は，有限の世界の話です．端的にいうなら，循環小数の循環の桁数が有限であるとみなしたときの話です．これに対して，有理数がとびとびだという事実は，無限の概念を採り入れたうえでの話です．

そう考えれば矛盾が矛盾でなくなるところが，おとなの数学のおも
しろさでしょうか．

## 実数の世界がわれらの常識

　整数，有理数と取り扱う数の範囲がだんだんと拡がって，やっと
実数にまでたどりつきました．ここまでくれば，一安心です．な
にしろ，現世の数はすべて実数の世界に所属しているのですから
……．

　実数は，すでになんべんも書いてきたように，有理数と無理数と
から成りたっています．無理数は，ムリな数だなどとけしからんこ
とを前に書きましたが，決してムリな数ではありません．ただ，有
理数ではないというだけの話です．その証拠に，無理数は誰にでも
容易に作り出せます．

　無理数は決して循環することのない無限小数ですが，0から9ま
でのたった10種類の数字で，無限の彼方まで決して循環しないこ
とが保証されている小数を作り出すことは，非常にむずかしいと思
われるかもしれませんが，たとえば，つぎのようにやればいいので
す．

　　　　0.1010010001000010000010……

　1にはさまれる0の個数が1個，2個，3個，……と1つずつふ
えていくだけのことですが，これなら無限の彼方までいっても循環
する心配はいりません．この手の無理数なら，いくつでも容易に作
り出せるではありませんか．

　このような無理数が有理数のすき間をべったりと埋めつくしてく

れるので，実数は'連続'です．もうどこにもすき間や欠品はありません．したがって，実数は物の長さや量を測るためには，必要かつ十分な数です．だから，ここまでくれば一安心なのです．

　実数の世界は，現世の数の世界であるだけに，とても常識的でおだやかです．私たちの数学常識が，そのままで通用すると考えて間違いありません．ですから，とくに実数の世界の特徴は……などと，書かないことにします．ただひとつ，実数を有理数と無理数に分類できるように，実数はまた，代数的数と超越数に分類できることだけをご紹介しておこうと思います．

　有理数は，たかが分数ですから，整数を整数で1回だけ割れば作り出すことができます．無理数の中でも，たとえば $\sqrt{2}$ は

$$x^2 = 2$$

と書けることからも明らかなように，自分自身を2回かけ合わせると2になるような数です．また，たとえば $2 + \sqrt{3}$ は

$$x^2 - 4x + 1 = 0$$

で表わされる根の1つですから，それ自身を2回かけ合わせた値からそれ自身の4倍を引き，それに1を加えるとゼロになるような値です．そして，2回も，4倍も，加える1もすべて整数です．このように，整数を組み合わせた有限回の計算によって表わせるような数を**代数的数**と呼んでいます．

　これに対して，$\pi$ や $e$ は

$$\frac{\pi}{4} = 1 - \frac{1}{3} + \frac{1}{5} - \frac{1}{7} + \frac{1}{9} - \cdots\cdots \qquad \text{(5.9)と同じ}$$

$$e = 1 + \frac{1}{1!} + \frac{1}{2!} + \frac{1}{3!} + \frac{1}{4!} + \cdots\cdots \qquad \text{(5.21)と同じ}$$

のように，無限回の計算によらなければ表わすことができません．
πやeを有限回の代数計算で表わせる式がもしも見つかったら，近
代数学は壊滅的打撃を受けて二度とは立ち直れないでしょう．この
ように，整数を組み合わせた有限回の計算では決して表わせない数
を**超越数**と呼ぶことをご紹介して，この節を終わりとします．

## 数の兄弟ぶんと兄貴ぶん

　実数が終わってしまい，急に淋しくなりました．数の世界として
残されているのは，あとは虚数しかないからです．しかも，虚数に
ついては，すでに128ページから10ページも費やしてご紹介しま
したから，いまさらなにも申し上げることがありません．そこで，
実数と虚数とから成り立っている数（すう）の世界から少しだけはみ出し
て，四囲を眺めてみたいと思います．

　134ページのあたりで，横軸には実数を，縦軸には虚数を目盛っ
た直角座標上の一点は

$$a + bi$$

という形で表現することができ，これを複素数\*というと書きまし
た．そして，$a + bi$ は，図5.3に鮮やかな●印で示したように，横
軸成分が $a$，縦軸成分が $b$ の位置に対応しているのでした．けれど

---

\* この本では，$bi$ のように2乗するとマイナスになるような数を虚数と呼び，
$a + bi$ で表わされる数を複素数と呼んでいますが，多くの参考書でも，この
ように区別しているものが多いようです．けれども，厳密な数学用語として
は，複素数 $a + bi$ については，$b \neq 0$ のときこれを虚数といい，$a = 0$ のとき，
これを純虚数というのが正しいようです．

も，その位置を示すには，必ずし
も鮮やかな●印である必要はな
く，たとえば，図6.2に描いたよ
うに，原点からの矢印でも差し支
えないはずです．つまり，複素数
は方向と長さが与えられた矢印と
して表わしてもいい，ということ
になります．

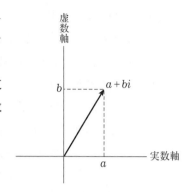

　この場合のように，方向と長さ
が決められた矢印を**ベクトル**とい

**図6.2　複素数はベクトルでも表わせる**

います．ベクトルは，数学の世界や物理学の世界では，とても便利
な小道具として，ずいぶんと活躍をしています．考えてみていただ
きましょうか．たとえば，ある物体に作用する力についていうと，
力の方向と力の大きさの両方をきちんと表現する必要があります
が，そういうとき，力の方向を矢印の方向で，力の強さを矢印の長
さで示せば，たった1本のベクトルが，物体に作用する力を余すと
ころなく物語るではありませんか．

　具体例として，図6.3を
見ていただきましょう．飛
行中の飛行機には，プロペ
ラによって飛行機を前方へ
引っ張る力，空気の抵抗に
よって飛行機を押し止めよ
うとする力，翼によって飛
行機を浮き上がらせようと

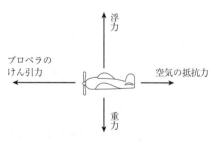

**図6.3　飛行機に作用する力**

する力，重力によって下方へ落ちようとする力が作用しています．この４つの力をベクトルで描けば，力どうしの相対関係は一目瞭然です．百聞は一見にしかず，ではありませんか．この図では，プロペラのけん引力が空気の抵抗力より大きいので，飛行機は加速されているでしょうし，浮力が重力をかなり上回っていますから，飛行機はぐんぐんと上昇をつづけるはずです．

ベクトルは，このほか速度，加速度，電流，磁場，集団の行動，嗜好[*]など，ほんとにどのような所にでも使えるほどの多用途性を誇っています．

ところで，ベクトルは方向と長さとを意味づけされた矢印ですが，これを数字の組合せで書き表わすこともできます．たとえば，$a+bi$ に相当するベクトルは

$$\begin{bmatrix} a \\ b \end{bmatrix}$$

と書くのがふつうです．上段には横軸方向の成分を，下段には縦軸方向の成分を並べて書くのです．そして，このように表現されたベクトルは，あたかも１つの数であるかのように挙動します．たとえば，複素数では

$$(a+bi) + (c+di) = (a+c) + (b+d)i \tag{6.14}$$

ですが，ベクトルでも

$$\begin{bmatrix} a \\ b \end{bmatrix} + \begin{bmatrix} c \\ d \end{bmatrix} = \begin{bmatrix} a+c \\ b+d \end{bmatrix} \tag{6.15}$$

---

[*] 嗜好などをベクトルで表現するとなぜ便利なのかと不思議に思われる方は『統計解析のはなし【改訂版】』235 ページあたりを，どうぞ．

というようにです．図6.4に，$g$ベクトルと$h$ベクトルを加えると$f$ベクトルになることを図解してあります．これはちょうど，$g$という力と$h$という力を同時に作用させると$f$という力が単独で作用する場合に等しいことを表わしていて

$$\begin{bmatrix} g_x \\ g_y \end{bmatrix} + \begin{bmatrix} h_x \\ h_y \end{bmatrix} = \begin{bmatrix} g_x + h_x \\ g_y + h_y \end{bmatrix} = \begin{bmatrix} f_x \\ f_y \end{bmatrix} \tag{6.16}$$

というたし算が成立していることを説明しています．

ベクトルどうしのひき算，かけ算，わり算については省略しますが*，いずれにせよ，ベクトルは1つの数としての性格を強く持っていることが知られています．ふつう，ベクトルは数の仲間には入れません

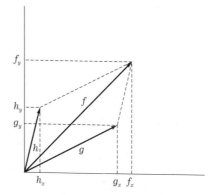

図6.4　ベクトルのたし算

が，こういう次第ですから，ベクトルは数の兄弟ぶんといってもいいでしょう．

縦に並んだ2つの値**は，ベクトルとして数と同じような性格を持っていますが，さらに一歩前進して，縦横にいくつかの値が並

---

\* ベクトルの演算については，『行列とベクトルのはなし【改訂版】』に詳述してあります．

\*\* 2次元の世界，つまり平面上のベクトルは，2つの値で表わされますが，3次元の世界のベクトルは3つの値，4次元の世界のベクトルは4つの値，一般に$n$次元の世界のベクトルは，$n$個の値で表わされます．

んだものを**行列**といいます. たとえば

$$\begin{bmatrix} 73 & 56 & 74 \\ 96 & 68 & 92 \end{bmatrix}$$

のように, 縦方向と横方向の両方にいくつかの値が配置されたものが, 行列です. 縦横の両方に値を配列することに意味がある現象は, 表6.4がその一例ですが, 身のまわりにいくらでも見つかります.

おもしろいことに, このように配置された数値のグループどうしは, あたかもふつうの数どうしのように加減乗除の演算が

**表6.4 数字が縦と横に並んでいることに意味がある**

|  | B | W | H |
|---|---|---|---|
| スリム | 73 | 56 | 74 |
| ぽっちゃり | 96 | 68 | 92 |

できるし, その演算に現象的な意味があることが少なくありません*. それどころか, ひとつひとつの数どうしで演算をしていたのでは手間ばかりかかって全貌が見えにくいのに, 行列どうしで演算すれば, はるかにスマートに全体を把握できることも珍しくないのです. そういう意味では, ベクトルを数の兄弟ぶんとたとえるなら, 行列は数の兄貴ぶんと呼ぶのにふさわしいでしょう.

---

* 行列の演算についても『行列とベクトルのはなし【改訂版】』を見ていただければ幸いです.

# 7. 当たらずとも遠からず

―― 近似値からトリックまで ――

## 有効数字のはなし

この章は，ひょっとすると蛇足なのかもしれません，数学の基礎としての数の話は，すでに前章で完結しているからです．それにもかかわらず蛇足かもしれない章を追加するのは，つぎのような理由によります．

現実の姿として，私たちは，数を数学体系の基礎としてだけ認識しているわけではありません．数学者ではない私たちは，数学体系の基礎としてよりは，むしろ日常生活に必要な小道具として認識し，利用しているほうが，はるかに多いでしょう．たとえば円周率 $\pi$ は，数学体系の基礎としては 3.141592…… と決して循環することなく，無限に連なる小数であり，典型的な無理数です．けれども，私たちにとっては，日曜大工や庭造りのときとか，あるいはもう少し本格的な機械部品の設計などに際して，円の直径から円周や面積を計算するために必要な数ですから，3.14 とか 3.1416 でじゅうぶんです．そのため，たかだか数桁の有限小数，つまり有理数であるかのように取り扱われます．数の理論としては有理数と無理数とは

峻別されているのに，数の現実面への利用としては，こんなていたらくです．

こんなていたらくですが，それは決して恥ずかしいことでも困ったことでもありません．むしろ，数の使い方の現実に即した一面です．日常生活の中でも π が無限小数でなければならないとしたら，日曜大工も機械設計もいっこうに進捗せず，作業完了には無限の日時を浪費することになり，こちらのほうがはるかに非現実的です．

このように，数を数学体系の基礎であることから離れて日常生活を支える小道具としてみると，そこに近似値という新しい断面が浮かび上がってきます．そして，この近似値がときとして思いがけない悪さをしたりすることも少なくありません．で，近似値を中心にしたひとつの章を，たとえ蛇足の誹りを受けようとも，追加しておこうと思います．

さて，**近似値**とはなんでしょうか．それは，真の値の代わりに用いられる適当な桁数にまるめた数値，なのですが，それでは，適当な桁数とはなんでしょうか．ここがはっきりしないと，近似値の意味もはっきりしないではありませんか．そこで，つぎのような具体例について考えてみます．

ある女性が洋服を作るためにサイズを測っていると思ってください．背幅，腰まわり，胴まわり，胸まわり，背たけなどを測るのですが，たとえば胸まわりの寸法として

87.13 cm

という寸法が記録されたとしましょう．女性の胸まわりに巻尺を回し，らくな姿勢で自然に呼吸を止めたとき，巻尺の目盛は 87 cm と 1 mm を僅かに過ぎ，2 mm のほうへ 1/3 ほどいったところで重なっ

たのですから，この87.13cmは，紛れもなく1つの測定値です．

　けれども，この87.13cmは，ほんとうに正しい値でしょうか．呼吸を止めるタイミングや，巻尺を引っ張る強さが少し変われば，きっと3mmや4mmは，わけなく変化してしまうにちがいありませんから，87.13cmの末尾の3はもちろん，その前の1でさえもとても信用できる数値とは思えません．信用できる値としては，87cmがいいところではないでしょうか．

　いっぽう，87.13cmという測定値をもらって洋服を作る側の立場にたってみましょう．洋服は金属で作るわけではなく，伸縮性に富んだ布地で作るのですから，裁断するときの布地の持ち方や力の入れ方によって，1mmや2mmはたやすく寸法が変わってしまうだろうと思われます．そうすると，せっかく87.13cmという寸法をもらっても，末尾の3はまったく無意味ですし，その前の1さえも守りきれる自信はありません．そうであれば，胸まわりの寸法としては87cmでじゅうぶんではないでしょうか．

　87.13cmのうち，どこまで信用できるかという観点に立っても87cmまで，どこまでが必要かという立場からみても87cmまでなのです．せっかくの87.13cmではありますが，いさぎよく下2桁を切り捨てて，87cmとするのが適当ということになりましょう．これが適当な桁数の意味です．

　この例の場合，87.13cmという測定値は，**有効数字**が4桁であるといいます．真偽のほどは別として，4つの桁がそれぞれの数値であることを主張しているからです．そして，端数を切り捨てた87cmは，有効数字が2桁であることはいうまでもありません．そして，有効数字としてなん桁残すのが適当かは，すでに述べてきた

ように

   (1)  何桁まで信用できるか

   (2)  何桁まで必要か

を勘案して決めるのですが，一般的にいうなら，信用できる桁数と必要な桁数のうち，小さいほうを選ぶのがふつうです．いくら信用できても，不必要な桁数は煩わしいばかりですし，いくら必要でも，信用できない数字は役に立たないからです．

  なお，数値の中には有効数字が何桁かわかりにくい場合があります．予選会の記録によって上位 20 人を決勝に進出させる，という場合には，この 20 人は決して 21 人や 22 人ではありませんから，一の桁の 0 はそこが 0 であることを主張しているので，有効数字は 2 桁です．これに対して，イベントの入場者 42,000 人という場合には，下 3 桁に並んだ 0 はそこがきちんと 0 であること，つまり，入場者が 1 人の誤差もなく 42,000 人であることを主張しているわけではなく，桁の数を揃えるために 0 を並べたにすぎませんから，有効数字は 5 桁ではなく 2 桁です．これでは紛らわしくて仕方がありません．なんの断りもなしに

     4200 個

と書かれたとき，ぴったり 4200 個なのか，約 4200 個なのか，判別のしようがないではありませんか．そこで，有効数字の桁を明確にしたいときには

     $4.2 \times 10^3$

     $4.20 \times 10^3$

というように書きます．$4.2 \times 10^3$ は，4200 のうち上 2 桁が有効数字で，下 2 桁の 0 は，位どりのための 0 にすぎないことを示しています．

また，$4.20 \times 10^3$ なら，4200 のうち上 3 桁が有効数字であり，末尾の 0 だけが位どりのための 0 であることを表わしています．

ときには，これらを

$$42 \times 10^2$$

$$420 \times 10$$

と書くこともありますが，値が 1 より小さいときには

$$0.00042 \quad を \quad 4.2 \times 10^{-4}$$

$$0.000420 \quad を \quad 4.20 \times 10^{-4}$$

と書くことによって有効数字の桁数を明瞭にするのがふつうですから，これと体裁を合わせて，$4.2 \times 10^3$，$4.20 \times 10^3$ のように書くほうがいいでしょう．

## 油断のならない四捨五入

不必要に桁数の多い数字を必要な桁数にまるめるためには，不必要な端数を処分しなければなりません．この操作を端数処理といいますが，端数処理としては「切り捨て」，「切り上げ」，「四捨五入」の 3 種類がよく知られています．

「切り捨て」は，有効数字の桁よりも小さな数字を文字どおり切り捨ててしまうやり方で，たとえば有効数字を 2 桁にしたいときには

$$32,932 \quad \longrightarrow \quad 32,000 \quad または \quad 3.2 \times 10^4$$

$$0.04517 \quad \longrightarrow \quad 0.045 \quad または \quad 4.5 \times 10^{-2}$$

となります．端数処理された数値は，もとの数値より小さくなる傾向があることはいうに及びません．

「切り上げ」のほうは，逆に，有効数字よりも小さな桁に 0 では

ない数値があれば，文句なしに有効数字の最後の桁に 1 を加えてしまう方法で

$$32,932 \longrightarrow 33,000 \quad \text{または} \quad 3.3 \times 10^4$$

$$0.04517 \longrightarrow 0.046 \quad \text{または} \quad 4.6 \times 10^{-2}$$

というぐあいに処理します．もとの数値より大きくなる傾向があることは，もちろんです．

「四捨五入」は，有効数字のつぎの桁に 4 以下の数字があれば切り捨て，5 以上の数字があれば切り上げる処理法です．

$$32,932 \longrightarrow 33,000 \quad \text{または} \quad 3.3 \times 10^4$$

$$0.04517 \longrightarrow 0.045 \quad \text{または} \quad 4.5 \times 10^{-2}$$

ということになります．四捨五入は，端数処理によってもとの数値より小さくなる傾向と大きくなる傾向とが相殺し合うので，公平な処理法だと思われています．だいたいはそのとおりなのですが，厳密にいうと「四捨五入」を使っても，いくらか大きくなる傾向があるのです．その理由は簡単そうですが，考えると意外にむずかしい問題を含んでいます．

まず，コンマ以下に 1 桁の数字があり，それを四捨五入して整数に揃える場合について考えてみてください．表 7.1 のようにコンマ以下の数値が 0 なら，増

**表 7.1　四捨五入に増加の傾向がある理由**

| 0.0 | は | 0 | になるから |     | 増減なし |
|-----|----|----|-----------|-----|---------|
| 0.1 | は | 0 | になるから | 0.1 | だけ減少 |
| 0.2 | は | 0 | になるから | 0.2 | 〃 |
| 0.3 | は | 0 | になるから | 0.3 | 〃 |
| 0.4 | は | 0 | になるから | 0.4 | 〃 |
| 0.5 | は | 1 | になるから | 0.5 | だけ増加 |
| 0.6 | は | 1 | になるから | 0.4 | 〃 |
| 0.7 | は | 1 | になるから | 0.3 | 〃 |
| 0.8 | は | 1 | になるから | 0.2 | 〃 |
| 0.9 | は | 1 | になるから | 0.1 | 〃 |

これを平均すると 0.05 だけ増加

減なしですから問題はありません．しかし，0.1から0.4までの4ケースでは「四捨」によって減少するのに，0.5から0.9までの5ケースは「五入」によって増大してしまいますから，増と減とが完全には相殺されません．したがって，四捨五入によって，平均的に0.05だけ増加することがわかります．その犯人は0.5です．それを除けば，「四捨」の減少ぶんと「六入」の増加ぶんとがうまく打ち消し合っているのですから．

そこで，JISの「数値の丸め方」(JIS Z 8401 : 2019)では，四捨五入を少し変形して，'5' についてはその前の桁が奇数なら切り上げ，偶数なら切り捨て，つまり

$$31.5 \longrightarrow 32, \quad 36.5 \longrightarrow 36$$

のように端数処理をするよう，推奨しています．このような変形四捨五入によれば，0.5の半分は切り上げられ，残りの半分は切り捨てられるので，増加の傾向も減少の傾向もない，公平な端数処理が期待できようというものです．

ところで，私たちが長さや重さなどを測定するとき，かりにいくらでも精密に測る手段があるとしたら，得られる測定値は無限小数になるにちがいありません．有限小数になるということは，たとえば1.253 mm きっかりは1.253000……のように，0 が無限につづく場合を意味することからもわかるように，ゼロと紙一重の確率でしか起こり得ないからです．そこで，無限小数について，コンマ以下1桁の数字を四捨五入して端数処理をする場合を考えてみます．おもしろいことに，こんどは四捨五入が増加の傾向も減少の傾向もない公平な処理法であることが，表7.2のようにして，わかります．もちろん，この四捨五入は，コンマ以下1桁のところにある数字だ

表7.2 四捨五入が公平である理由

| | | | | | | | |
|---|---|---|---|---|---|---|---|
| 0.0 ～ 0.1 未満 | は | 0 | になるから | 平均して | 0.05 | だけ減少 |
| 0.1 ～ 0.2 未満 | は | 0 | になるから | 平均して | 0.15 | 〃 |
| 0.2 ～ 0.3 未満 | は | 0 | になるから | 平均して | 0.25 | 〃 |
| 0.3 ～ 0.4 未満 | は | 0 | になるから | 平均して | 0.35 | 〃 |
| 0.4 ～ 0.5 未満 | は | 0 | になるから | 平均して | 0.45 | 〃 |
| 0.5 ～ 0.6 未満 | は | 1 | になるから | 平均して | 0.45 | だけ増加 |
| 0.6 ～ 0.7 未満 | は | 1 | になるから | 平均して | 0.35 | 〃 |
| 0.7 ～ 0.8 未満 | は | 1 | になるから | 平均して | 0.25 | 〃 |
| 0.8 ～ 0.9 未満 | は | 1 | になるから | 平均して | 0.15 | 〃 |
| 0.9 ～ 1.0 未満 | は | 1 | になるから | 平均して | 0.05 | 〃 |

全体を平均して増減なし

けに注目して行なわねばならず

$$3.4447 \longrightarrow 3.445 \longrightarrow 3.45 \longrightarrow 3.5 \longrightarrow 4$$

のように，もっと下の桁から順に四捨五入しながら繰り上げてきたりしてはいけません．45歳を四捨五入して50歳にし，さらに四捨五入して100歳と詐称するようなことは許されないのです．

さて，ここで困った事実に気がつきます．私たちが入手する数値は，測定値であったり計算値であったりはしますが，いずれにしろ有限の桁数の数値です．そして，その数値の末尾の桁は，測定者や計算者によってすでに端数処理されたものです．たとえば，ある無理数の値を示す数表に

0.275

という数値があったとしましょう．これを2桁の有効数字にまるめて使いたいので，なにげなく四捨五入し，0.28としようとして，はっと気がつくのです．数表に記載されたこの数値

0.2753…… とか 0.2751……

などが，四捨五入されて 0.275 になっているなら問題はないのですが，もしも

      0.2745……　とか　0.2748……

などが四捨五入されて 0.275 と記載されているのであれば，さらにそれを四捨五入して 0.28 とするのは

      0.2745……　⟶　0.275　⟶　0.28

としたことになり，これはルール違反です．

　そこで，良心的な数表の中には，切り上げられて 5 になった末尾の数字には 5̄ という記号を使い，さらにまるめるときには，これを切り捨てるように勧告したものもあるそうですが，一般に私たちが入手する数値では，ここのところが不明です．仕方がないから，前身が不明のまま，5 は 5 として取り扱い，四捨五入では五入の仲間に入れるほかありません．

　こういうわけですから，やっぱり四捨五入は，数値を大きくする傾向があることになります．それがいやなら，変形四捨五入を使うほかないでしょう．


## 誤差伝播の法則

　ここに，大きな木があり，幹の部分はきれいにまん丸です．どういうわけか，幹の直径をなるべく正確に測りたいのですが，直径をダイレクトに測るうまい道具がありません．やむを得ず，いっしょうけんめいに幹の周囲を測ったところ 527 cm ありました．もちろん，端数処理は終わっていて，3 桁の有効数字には自信があります．さて，幹の直径はいくらでしょうか．

　答えを計算するのは，義務教育を無事に終了した方にとっては，わけもありません．

$$\frac{527\,\mathrm{cm}}{3.141592\cdots\cdots}=167.749\cdots\cdots\ \mathrm{cm}$$

となるのですが，そして，もちろんこれが誤りだというわけではありません．ただ，ここで少々おとなの議論をしたいのです．

　527 cm は近似値です．真の値はコンマ以下に無限の小数が連なった値ですが，測定の正確さからみて，コンマ以下の値はあてにならないので，有効数字3桁にまるめた値です．いっぽう円周率 π のほうは，必要とあれば何百桁でも何万桁でも正しい値を準備することができます．だからといって，どっちみち近似値をもとにして計算をするので，π のほうだけたくさんの桁を揃えても，いたずらに計算の手数をふやすばかりで，効果は少ないように思われます．それでも，獅子は弱敵を倒すにも全力を尽くす，というくらいですから，π のほうだけでもできるだけ正確な値を使ったほうがいいのでしょうか．それとも，にわとりを裂くにいずくんぞ牛刀を用いん，と冷やかされるのも癪ですから，π のほうも計算相手にみあうよう適当な桁数にまるめて使うのが賢いのでしょうか．

　これを正しく判断するためには，近似値に含まれる誤差が，計算の過程を通じて計算結果にどのように伝播するかを知っておかなければなりません．

　まず，たし算とひき算の場合について調べてみます．いまここに2つの真の値があるとして，それを $A$，$B$ としましょう．真の値は π のように私たちにもわかっていることもありますが，たいていの場合は，大樹の幹の直径のように，人間がいくら努力しても完全に

は知ることのできない値です．つぎに，$A$, $B$ の代わりに使う近似値を $a$, $b$ とします．そして，$a$, $b$ が持っている誤差は大きくても $\varepsilon_a$, $\varepsilon_b$ であるとします．すなわち

$$|a-A| \leqq \varepsilon_a$$
$$|b-B| \leqq \varepsilon_b$$

$$\left. \right\} \quad (7.1)$$

です．神ならぬ人間にとって，たいていの場合，真の値は知ることのできない値なのですから，純粋な理屈からいうと $\varepsilon_a$ や $\varepsilon_b$ も，人間にとっては知ることができません．けれども現実の話としては，たとえば木の幹の周囲を測ったとき 526.75 cm という測定値が得られ，巻尺の目盛が明らかに 526 cm を上回っているなら，端数処理をして得た近似値 527 cm の誤差は，大きくても 1 cm 以下であることはほぼ確実です．一般的にいえば，近似値の末尾の桁には，1 以下の誤差しか含まれていないとみなしていいでしょう．

さて，私たちが $A \pm B$ の値を知りたいと思ったとしても，$A$ も $B$ もわからないのがふつうですから，$a \pm b$ で代用するほかありません．そこで，$a \pm b$ にはどれだけの誤差が含まれているかを調べてみると

$$|(a+b)-(A+B)| = |(a-A)+(b-B)|$$
$$\leqq |a-A| + |b-B| \leqq \varepsilon_a + \varepsilon_b \quad (7.2)^*$$
$$|(a-b)-(A-B)| = |(a-A)-(b-B)|$$
$$\leqq |a-A| + |b-B| \leqq \varepsilon_a + \varepsilon_b \quad (7.3)^*$$

となりますから，$a \pm b$ の誤差は，$\varepsilon_a + \varepsilon_b$ までの大きさを覚悟しておかなければなりません．こうして，近似値のたし算とひき算の場合には，誤差は和となって計算結果に伝播することが判明しました．

---

\*  一般に，$|U+V| \leqq |U| + |V|$, $|U-V| \leqq |U| + |V|$ であることは，$U$ と $V$ に正や負の値を組み合わせて代入してみると合点がいきます．

つぎは，かけ算とわり算の場合ですが，本論にはいる前にちょっとした準備をします．近似値の誤差は $a-A$ とか $b-B$ のように，近似値と真の値との差です．ところが，この誤差は $a$ や $A$ が大きくなればなるほど，大きくなる傾向があります．数 cm くらいの長さを測ったときの誤差は，ふつう 1mm にも満たないのに，数 km の長さを測ったときの誤差を数十 cm 以下におさえることは，至難のわざです．そこで，誤差の表わし方のひとつとして

$$\frac{a-A}{a} \quad とか \quad \frac{b-B}{b}$$

とかを使うことが少なくありません．100cm に対して 1cm の誤差があれば「誤差 1%」というようにです．$a-A$ で表わした誤差を**絶対誤差**というのに対して，こちらのほうは**相対誤差**と呼ばれます．

では，本論に戻りましょう．$A$ と $B$ とのかけ算を $ab$ で代用したとき，その誤差はどのくらいになるかを計算してみます．こんどは，絶対誤差ではなく相対誤差でいくことにします．

$$\frac{ab-AB}{ab} = 1 - \frac{AB}{ab} = 1 - \frac{A}{a} \cdot \frac{B}{b}$$

この右辺にいくらか凝った細工を施していきます．

$$= -\left(1-\frac{A}{a}\right)\left(1-\frac{B}{b}\right) + 2 - \frac{A}{a} - \frac{B}{b}$$

$$= -\left(1-\frac{A}{a}\right)\left(1-\frac{B}{b}\right) + \left(1-\frac{A}{a}\right) + \left(1-\frac{B}{b}\right)$$

$$= -\frac{a-A}{a}\frac{b-B}{b} + \frac{a-A}{a}\frac{b-B}{b}$$

この第 1 項は，2 つの相対誤差をかけ合わせたものです．相対誤差

はもともと小さな値なのに，それを2つもかけ合わせたのですか
ら，この項は他の項に較べて小さく，無視してしまっても大勢に影
響はありません．で，この項を無視すると，結局

$$\frac{ab-AB}{ab} \fallingdotseq \frac{a-A}{a} + \frac{b-B}{b} \tag{7.4}{}^{*}$$

ということになります．こうして，かけ算では近似値の相対誤差が
和となって，計算結果の相対誤差に伝播することがわかりました．

わり算の場合も，似たようなものです．$A/B$ を $a/b$ で代用した
ときの相対誤差は

$$\frac{\dfrac{a}{b}-\dfrac{A}{B}}{\dfrac{a}{b}} = 1 - \frac{A}{a} \cdot \frac{b}{B}$$

$$= -\left(1-\frac{A}{a}\right)\left(1-\frac{b}{B}\right) + \left(1-\frac{A}{a}\right) + \left(1-\frac{b}{B}\right)$$

ここで，$b$ は $B$ の近似値ですから，$b \fallingdotseq B$ であり，したがって，
$b/B \fallingdotseq B/b$ であることを利用すると

$$\fallingdotseq -\left(1-\frac{A}{a}\right)\left(1-\frac{B}{b}\right) + \left(1-\frac{A}{a}\right) + \left(1-\frac{B}{b}\right)$$

$$\fallingdotseq \frac{a-A}{a} + \frac{b-B}{b} \tag{7.5}$$

となり，かけ算の場合と同様に，近似値の相対誤差は和となって，
計算結果の相対誤差に伝播するという結論を得ました．

---

\* 式(7.4)の運算では，煩わしいので絶対値記号を省略してあります．気にな
る方は，左辺と右辺をそれぞれ絶対値記号でくくっていただいて結構です．

絶対誤差と相対誤差は，たった1字しか異ならないので紛らわしいのですが，たし算とひき算の場合は絶対誤差，かけ算とわり算の場合は相対誤差ですから，お間違えのないよう……．

## 近似値計算のルール

ごみごみしてきたので節を改めて，前節の結果を整理しましょう．

(1) たし算とひき算では，絶対誤差が和となって伝播する．

(2) かけ算とわり算では，相対誤差が和となって伝播する．

これで，近似値どうしの計算をするときの理論武装が完了しました．さっそく応用にかかります．まず，たし算です．

$$
\begin{array}{r}
42.52 \\
+\ \ 7.348 \\
\hline
49.868
\end{array}
\quad は \quad
\begin{array}{r}
42.52 \\
+\ \ 7.35 \\
\hline
49.87
\end{array}
\quad とする．
$$

有効数字4桁の 42.52 は，コンマ以下3桁のところに誤差があります．7.348 のほうはコンマ以下3桁のところの誤差はゼロですが，たし算をすれば誤差は

$$10^{-3}の桁 + 10^{-4}の桁 = 10^{-3}の桁$$

となって計算結果に伝播しますから，どっちみちコンマ以下3桁めは，無意味な数字になってしまいます．そんなことなら，コンマ以下2桁に揃えてからたし算をするほうが気が効いています．

この例は，たった2つの値のたし算でしたから，たしてから四捨五入しても，四捨五入してからたしても，手数は同じではないかと反発されそうですが，表7.3で，その真髄を確かめておいてください．ひき算の場合もまったく同じです．

つづいて，かけ算に進みます.

$$
\begin{array}{r}
197.352 \\
\times\ 2.41 \\
\hline
475.61832
\end{array}
\quad は \quad
\begin{array}{r}
197 \\
\times\ 2.41 \\
\hline
474.77
\end{array}
\longrightarrow\ 475
\quad とする.
$$

なぜかというと，つぎのとおりです．197.352 のほうは，末尾の 2 にいたるまで正しい数字である

ことを主張しているのですか

ら，相対誤差は，いくら大きく

ても $10^{-6}$ の桁です．いっぽう，

2.41 のほうの相対誤差は，$10^{-3}$

の桁であることを覚悟しなけれ

ばなりません．そうすると，こ

の両者をかけ合わせた計算結果

の相対誤差は

| 表7.3　末尾の桁を揃えてたし算 しよう | |
|---|---|
| 42.52 | 42.5 |
| 7.348 | 7.3 |
| 10.1 | 10.1 |
| 0.3724 | 0.4 |
| 163.2 | 163.2 |
| 223.5404 | 223.5 |
| 未熟な計算 | おとなの計算 |

$$
10^{-6}の桁 + 10^{-3}の桁 = 10^{-3}の桁
$$

にあることになります．つまり，計算結果の 475.61823 のうち，上から 4 番めの 6 はあてにならない数字です．どうせ，4 桁めがあてにならないなら，計算結果は 3 桁にまるめるのが気の効いた数字の取扱いといえるでしょう.

それに，197.352 のほうの有効数字を 5 桁にしようと 4 桁にしようと，さらに 3 桁にしても，計算結果の相対誤差は $10^{-3}$ の桁であることに変わりはありませんから，3 桁，つまり 197 にまるめてしまうのが良策というものです．けれども，いきすぎて 2 桁にまるめてしまうと，計算結果の相対誤差が

$$
10^{-2}の桁 + 10^{-3}の桁 = 10^{-2}の桁
$$

となり，計算の精度が悪くなりますから，そんなにいきすぎてはいけません．

　要するに，かける数とかけられる数のうち，有効数字の桁数の少ないほうに揃えてから計算し，計算結果も同じ桁数にまるめればいいというのが，結論です．わり算についても，まったく同様です．

　やっと，周囲が527cm ある木の幹の直径を計算する段取りが整いました．

$$\frac{527\,\text{cm}}{3.14} = 167.8\cdots\cdots \text{cm} \fallingdotseq 168\,\text{cm}$$

というのが，推奨できるおとなの計算ということになります．


## 数字に強いということ

　世の中には ‘数字に強い’ といわれる人たちがいます．メモも見ないで，わが国の輸入のトップは原油の4兆9541億円，2位は天然ガスで3兆4300億円，3位は通信機器の3兆930億円，と立板に水を流すようにまくしたてるのです．これをやられると，たいていの人は感心したり，びっくりしたりで，けちょんとなってしまい，せっかく準備してきた政策論も企業論も不発に終わってしまいます．

　けれども，このように細かい数字をまくしたてる人たちは，ほんとうに ‘数字に強い’ のでしょうか．

　たしかに，これだけの数字が大脳皮質に貯えられていた事実は，彼が，わが国の貿易について深い問題意識を持ち，実績を調査したことについてのなによりの証拠ですから，それはそれで敬意を払うに値するかもしれません．しかし，4兆9541億円という数値につ

たてつづけに出る**数字**は
**要注意**
「巧言令色鮮し仁」

いては，もっと醒めた目で見る必要がありそうです．この数値は，
なん年度の実績なのでしょうか．また，ドルと円の換算は，いくら
で計算してあるのでしょうか．それに，この種のデータは，集計の
誤差も少なくはないはずですが……．

　こう考えていくと，これらの数値に5桁もの有効数字を並べるの
は，ほとんど無意味であろうと思われます．したがって，ほんとに
'数字に強い'人であれば，わが国の輸入のトップは約5兆円の原
油，2位は天然ガスで約3兆円，3位は通信機器でこれも約3兆円，
とやるのがよく練れた説明のしかたであるはずです．そして，聞く
立場にとっても，5桁もの有効数字を羅列されるより，5兆円，3
兆円，3兆円という近似値のほうが，よほど大局を把握しやすいに
ちがいありません．

　ああ，それなのに，です．ほとんどすべての人たちが，数学の先
生方まで含めて，約5兆円という説明よりは，4兆9541億円とい
う説明のほうに畏敬の念を感じて，信用してしまいます．だから，
議論の中身に自信がないときには，やたらと数字を羅列して相手を

煙に巻くという悪質な作戦が，成功してしまうのです．この作戦は，数字を使ったもっとも初歩的で基本的なペテンといってもいいでしょう．

この本は，「数字の本」ではなく「数学の本」です．ですから，数学に強くなることを目的に構成されています．そして一般には，数学に強くなれば数字にも強くなると信じられているようです．けれども，それは事実ではありません．その証拠に，数学の先生方でさえも，約5兆円よりは，4兆9541億円のほうにころりと参ってしまうではありませんか．せっかく数学に強くなっても，数字のペテンにころころと参っているようでは，癪で癪で夜も眠れません．そこで，この本の最後に数ページをさいて，数字を使った典型的なペテンの手の内をご紹介しようと思います．数学に強くなったついでに，数字にも強くなって，心安らかに安眠していただきたいからです．


## 数字を使いこなすテクニック

あてにならない，あるいは不必要な桁の数字を羅列して，ひと様のど肝を抜き，信用させ，こちらのペースにはめ込む，というのは，明らかに数字を使ったペテンではありますが，あまりにも初歩的で幼稚な手口です．けれども，つぎのようなのは，どうでしょうか．

あなたが忘年会の幹事を任せられるはめになったと思ってください．そして，年にいちどの忘年会ですから，あまりケチなことはいわずに豪快に飲み，愉快に歌いたいと思っていただきましょう．た

だ気がかりなのは会費です。豪快に飲み，愉快に歌うためには，どうしてもそれ相当の経費が必要なので，シブチン揃いの同僚を説得して，7,000 円の会費に同意してもらわなければなりません。そこであなたは，安い会費ではろくな忘年会になりませんよとの警告をこめて，表7.4 のような資料を配り，皆の意見を求めることにしました。さて，あなたの作戦は成功するでしょうか。

　結論を先に書くと，あなたの作戦は見事に失敗し，おおかたの意見は 5,000 円か，悪くすると 3,000 円の会費にまとまってしまうにちがいありません。その理由は，つぎのとおりです。

　数字には大きな値も小さな値もありますが，ここで肝腎なことは，どのような値でも，単独で大きかったり小さかったりするのでは決してなく，他の値との比較においてのみ，大小の判断ができるということです。いや，そんなことはない，1 億円は文句なく大きいし，1 ミクロンは単独でも小さいではないかとお考えなら，それはまちがっています。1 億円を大きいと感じるのは，無意識のうち

表 7.4　7,000 円が大きく見えます

| 会　費 | メ　ニ　ュ　ー | 飲　み　物 | 宴　会　場 |
|---|---|---|---|
| 2,000 円 | バイキング形式<br>（全数 10 品） | （生ビールを除く）飲み放題バイキング | かなり賑やかな居酒屋 |
| 3,000 円 | 肉豆腐　カルパッチョ<br>餃子　唐揚げ　おにぎり | 飲み放題 | 普通の居酒屋 |
| 5,000 円 | さしみ盛合せ　焼き物<br>揚げ物　鍋物　雑炊<br>香の物　デザート | 同　上 | ちょっと気の利いた居酒屋 |
| 7,000 円 | 同上＋さしみ 2 種<br>ズワイガニ＆タラバガニ | 同　上 | 気の利いた個室居酒屋 |

に庶民の収入や生活費と比較しているからであり、国家予算と比較すれば、とるにたらないほどの小額です。1ミクロンも人間の五感で測れば小さな値ですが、大部分のウィルスにとっては、体長をはるかに上回る大きな値です。

そういうわけですから、2,000円、3,000円、5,000円と並べられた7,000円は、まず、大きいという印象を皆に与えてしまいます。だから、ただでさえシブチン揃いの同僚が、7,000円の会費を選ぶわけがないのです。

こういう場合、あなたは表7.5のような資料を配布しなければなりません。こうすれば、15,000円や10,000円と並べられた7,000円から高いという印象が減殺され、7,000円の会費に意見が統一される公算はたぶんにあります。いうなれば、意図的に並べられた15,000円や10,000円が、あて馬の役目を果たしているのです。

このあたりの心理状態は、デパートの売場でほかの豪華な家具にはさまれていたときには貧弱に見えた家具も、わが家の居間では不

表7.5　7,000円が小さく見えます

| 会　費 | メ　ニ　ュ　ー | 飲　み　物 | 宴　会　場 |
|---|---|---|---|
| 5,000円 | さしみ盛り合せ　焼き物　揚げ物<br>鍋物　雑炊　香の物　デザート | 飲み放題 | ちょっと気の利いた居酒屋 |
| 7,000円 | 同上＋さしみ2種　ズワイガニ＆タラバガニ | 同　上 | 気の利いた個室居酒屋 |
| 10,000円 | ローストビーフ　刺身盛合わせ<br>すき焼き　焼き物　揚げ物　寿司<br>デザート | 同　上 | 落ち着いた個室 |
| 15,000円 | 吸物　刺身盛合わせ　温菜　合肴<br>焼き物(肉＆魚)　食事　デザート | 同　上 | 帝国ホテルで会席 |

相応に立派に光っていることなどを思い浮かべていただくと，合点がいくにちがいありません．

　実をいうと，数字の取扱いに熟達したビジネスマンは，この勘どころを心得ていて，商談や会議に提出する資料にあて馬の数字をじょうずに盛り込み，相手の思考をまんまと思うつぼに誘い込んでしまいます．そればかりか，相手が作成した資料から相手の企図を読みとって，その裏をかいたりもするので油断がなりません．あて馬の数字を利用する作戦は，数字を使いこなすテクニックのひとつといえるでしょう．

## 0 の行列を利用する法

　ここで，ささやかなクイズをひとつ……．つぎの3つの値のうち，いちばん大きいのはどれですか．制限時間は20秒としましょう．

　　　八十二億三千五百万

　　　1,854,000,000

　　　$5.2 \times 10^{10}$

制限時間内に自信をもって最大のひとつを指摘できた方は，日頃からかなり数字を使い馴れている方です．多くの方が，30秒，いや1分たっても，まだ答えが見つからなかったのではないでしょうか．値が大きすぎるからだと負け惜しみをおっしゃる方は，つぎのクイズをどうぞ．制限時間は，たっぷりと1分も差し上げましょう．

　　　1mm/秒

　　　1 m /時

　　　1 km/ 月

　こんどは，ぜんぶが 1 ですから，値が大きすぎるなどという言い訳は通用しません．どうです，おできになりましたか．

　2 つのクイズの例からもわかるように，私たちは数字の書き方や単位が変わると，値の大きさに対する判断が悪くなってしまいます．そのくらいですから，数字の書き方や単位の選び方によって，値の大小に対する印象を変えることができる理屈です．

　まず，数字の書き方のほうから印象を調べてみましょう．地球から太陽までの距離をメートルを単位として 3 種類の書き方で表わすと

　　① 　一千五百億

　　② 　150,000,000,000

　　③ 　$1.5 \times 10^{11}$

となるのですが，どれがもっとも大きく感じるでしょうか．この本を読まれるほどの方は別として，一般的には，②がもっとも大きく感じ，つぎは①であり，③からは大きさを実感できないのがふつうです．この傾向は，桁数が多くなるにつれてますます強くなります．その証拠に，第 2 章あたりに $4 \times 10^{109}$ 個の米粒が占める容積は $10^{93} \mathrm{km}^3$ で，これは地球の容積 $10^{12} \mathrm{km}^3$，太陽の容積 $10^{15} \mathrm{km}^3$ などと比較してすさまじい大きさなどと書きましたが，この本を読まれるほどの方でも，そのすさまじさをほんとうに実感されたかどうか疑問です．けれども，1 のあとに 0 が 93 個も並んでいれば，0 の個数が 12 や 15 の値に較べて，すさまじく大きいことが実感できたにちがいありません．

　小さな値についても同様なことがいえそうです．たとえば，水素

原子の半径は，mm を単位とすれば

① 　十億分の五十三

② 　0. 000 000 053

③ 　$5.3 \times 10^{-8}$

となるのですが，その小ささの印象は②，①，③の順序で感じるの
が並みの感覚です．やはり，0 の行列はなによりの説得力を発揮す
るようです．

　こういうわけですから，値の大きさや小ささを強く印象づけたい
なら，手数と紙面の浪費をいとわずに 0 を並べるのがいいし，逆
に，印象を弱めたいなら，10 のべき乗に逃げておくのが得策とい
えるでしょう．

　つぎに，単位の選び方のほうにピントを合わせます．地球から太
陽までの距離をいろいろな単位で書いてみると

① 　0. 000 010 光年

② 　150, 000, 000 km

③ 　150, 000, 000, 000 m

④ 　150, 000, 000, 000, 000 mm

⑤ 　150, 000, 000, 000, 000, 000 $\mu$（ミクロン）

となりますが，さて，どれがいちばん大きな印象を与えるでしょう
か．①は，大きいのか小さいのか見当もつきません．コンマ以下
に 0 が 4 つも並んだ値と，私達の日常感覚にとってまったく親しみ
のない光年とでは，何が何だかわからなくても無理はないではあり
ませんか．⑤は，はでに 0 が並んではいるものの，太陽までの距離
を $\mu$ を単位として表わしたのでは，バカにしないでよ，という反感
が先に立って，大きさの印象が割り引きされてしまいます．④も同

様な傾向がありそうです．いちばん大きく感じるのは②ではないでしょうか．km は私達の日常感覚にとっても大きな値ですから，それを単位としてさえ0が7つも並んでいるので，すごい大きさだと感じるのです．

　つまり，大きさを印象づけるためには，日常感覚での大きな単位と0の行列との相乗効果を利用すればいい，ということになります．

　小さな値についても同様です．水素原子の半経を

① 　0. 000 000 000 000 053 km

② 　0. 000 000 000 053 m

③ 　0. 000 000 053 mm

④ 　0. 000 053 μ（ミクロン）

⑤ 　0. 53Å（オングストローム）

と書いたとき，いちばん小さな印象を与えるのはどれかと観察してみてください．①や②は，バカにしないでよ，のくちです．⑤は，Åはμの1万分の1ですからすごく小さな値なのですが，私たちの日常感覚に馴染みがないので損をしてしまいます．③や④は，mmやμは私たちにとってごく小さな寸法ですから，それと0の行列の相乗効果に，小ささを印象づけるための説得力があるではありませんか．

　日本の鉄道は，運行時刻の正確さでは世界一だと言われていますが，時には事故のために大きく遅れることがあります．そのとき，270分遅れる見込みです，というようにアナウンスされますが，それは，4時間30分遅れる見込みです，というより，ぐっと軽い印象を与えます．'分'が私たちの日常感覚にとっては短い時間だか

らです．各鉄道会社とも，そのへんをちゃんと計算ずみなのでしょうか．

## パーセントは危険信号

　兵庫県は大阪府と地理的にも隣接し，文化程度も高いにもかかわらず幼稚園が少なすぎて不便だという説があります．その証拠として，大阪府では1万ヘクタールあたり2.88の幼稚園があるのに，兵庫県の幼稚園は0.55しかないと主張しています．けれども，この主張は少しおかしくありませんか．

　なるほど，幼い児童を遠くの幼稚園に通わすのは危険でもあり，可哀そうでもありますから，適当な地域ごとに幼稚園が散在しているのが望ましいでしょう．そういう立場からみれば，土地面積あたりの幼稚園の数で比較するのも一理あるかもしれません．しかしながら，かりに，ほとんど人が住んでいない山地に幼稚園を作ったとしたらどうでしょうか．園児が極端に少ないはずですから，幼児にとってもっとも重要な社会性の教育には，ほとんど役に立たない幼稚園になってしまうにちがいありません．こうしてみると，幼稚園の数の多寡は面積あたりの数ではなく，人口あたりの数で比較する

表7.6　どちらが幼稚園に恵まれているか（2020年のデータ）

| | 幼稚園数 | 面積（万 ha） | 人口（万人） | 幼稚園数／万 ha | 幼稚園数／万人 |
|---|---|---|---|---|---|
| 大阪府 | 550 | 191 | 884 | 2.88 | 0.62 |
| 兵庫県 | 461 | 840 | 547 | 0.55 | 0.84 |

ほうが適当なのではないでしょうか.

人口1万人あたりの幼稚園数を計算してみると, 大阪府が0.62なのに対して兵庫県は0.84であり, 兵庫県のほうがだいぶ多いのです. 兵庫県は幼稚園が少なすぎるという説は, これでは逆転してしまいます. きっと, 人口比では兵庫県のほうが恵まれてはいるけれど, 過疎地のほうも無視はできないという不利を考慮すれば, 大阪府と兵庫県は幼稚園の恵まれ方についてほぼ互角なのではないでしょうか. 面積あたりの数だけで比較して, 兵庫県は幼稚園が少なすぎると主張するのは, いくらかペテンの感じがするではありませんか.

似たような例ですが, 統計年鑑を見ていたらおもしろいことに気がつきました. 日本は人口密度が大きいというのは常識ですが, その密度は, 世界中のどのあたりに位置しているだろうかと調べてみたのです. そうしたら

(1) 日本より人口密度の大きい国が10.7%ある.

(2) 日本より人口密度の大きい国に住んでいる人は約23.5%である.

(3) 日本より人口密度の大きい国土は31.3%ある.

のどれもが事実だったので驚きました. 10.7%と23.5%と31.3%とでは大ちがいではありませんか.

事実は, つぎのとおりです. 日本より人口密度の大きい国を拾い出してみると, オランダ, 韓国, シンガポール, バーレーンなど25の国と地域があり, これは世界中の国と地域の10.7%に相当します. つぎに, これら25の国と地域の人口を合計すると約18.1億人になり, 世界人口の約23.5%になります. また, これら25の国

と地域の面積を合計してみると世界の領土の31.3%です.

だから, (1), (2), (3)のどれもが事実なのですが, 日本の人口密度が高すぎると主張したいために(1)を使ったり, いや高すぎないと主張するために(3)を例示したりするのは, 少々ずるすぎて, ペテンの匂いがします. あるいは, このくらいまでは, ペテンやトリックではなく, 数字を使いこなすテクニックのうち……でしょうか.

## 数字を使ったペテン

表7.7を見てください. 見出しは,「社長率 No.1 は, 慶応義塾大学」です.

具体的な社長率の算出方法は掲載されていないのですが, どうやら信用調査会社が調べた社長出身大学データ(個人, 非営利, 公益法人など除く約27万人の出身大学)を, いま社会に出ている卒業生数で割り, 卒業生のどの程度が社長になっているのかをはじき出したようです.

この結果, 2000年, 2020年ともに, 社長率がトップなのは慶応義塾大学, 関西では甲南大学のみランクイン. 東大と京大はランク外と意外と低く, 実業界に関する限り, この2校が優位とはいえないことがわかった, とコメントが付記してありました. もともとの算出方法が掲載されていないので怪しいのですが, それはさて置いたとしても, このコメントはちょっと怪しくありませんか.

この社長率は民間企業に限った話です. したがって, 官公庁や教職に奉職した人たちを除外して率を出さなければならないはずで

表 7.7　出身大学別社長率ベストテン（％）

| | 2000 年時点 | | 2020 年時点 | |
|---|---|---|---|---|
| | 大　学　名 | 社 長 率 | 大　学　名 | 社 長 率 |
| ① | 慶応義塾大学 | 4.99 | 慶応義塾大学 | 3.12 |
| ② | 中央大学 | 4.84 | 日本大学 | 2.86 |
| ③ | 明治大学 | 4.18 | 中央大学 | 2.78 |
| ④ | 日本大学 | 3.83 | 甲南大学 | 2.76 |
| ⑤ | 早稲田大学 | 3.48 | 明治大学 | 2.57 |
| ⑥ | 甲南大学 | 3.32 | 専修大学 | 2.12 |
| ⑦ | 法政大学 | 3.13 | 早稲田大学 | 2.06 |
| ⑧ | 同志社大学 | 2.53 | 青山学院大学 | 2.02 |
| ⑨ | 専修大学 | 2.07 | 東海大学 | 2.02 |
| ⑩ | 青山学院大学 | 2.02 | 法政大学 | 1.97 |

す．したがって

$$\frac{社長の数}{卒業生のうち民間企業に就職した数}$$

で比較しなければならないのに，明らかに

$$\frac{社長の数}{卒業生の数}$$

を社長率とみなしているように読みとれます．このように計算すれば，東大や京大のように官界や学界に多くの卒業生を送り込んでいる学校の社長率は，低くなるのが当然ではありませんか．

　前節で紹介した幼稚園の恵まれ方や人口密度の高さ加減の例は，いっぽう的な偏った見方ではありますが，少なくとも間違いではありません．けれども，いまの社長率の例は明らかに間違いです．もし間違いを承知でこのような数字を主張しているとすれば，こんど

はペテンの誇りを免れません.

　前節からこの節にかけて，比や率を計算するときには，何の何に対する比や率であるかが決定的に重要であるにもかかわらず，そこにミスやトリックが潜入する危険性が少なからずあることを指摘してきました．説明された数字が比や率である場合には，この種のペテンにひっかからないよう，細心の注意を払っていただきたいものです.

## ごあいきょう，テーマのすりかえ

　率や比を使った数字のトリックをいくつかご紹介してきましたが，ひっかかりやすい数字のペテンは，このほかにも各種とり揃っています．いくらか品も悪く数学の本にはふさわしくないので細部は省略しますが，その一部を『統計のはなし【改訂版】』の中に「ぺてんにかかりそうな統計」という章を設けて列記してありますので，参考にしていただければ，と思います.

　最後に，数字を使ったペテンと決めつけるには余りにも愛嬌のあるいくつかの例をご紹介してお慰みとしたいと思います.

　〔その1〕　ある地域の主婦たちが食料品のはかり売りについて量目不足がないかと調査したところ，商品の5％に量目不足が発見されました．そこで，その結果を「私たちは5％も高い商品を買わされている」と見出しをつけて発表したのですが……はて？

　〔その2〕　風邪が流行して，A組では7名の児童が欠席，B組では1名が欠席をしました．そこで，B組担任の先生が誇らしげにいうことには，B組の児童はA組より7倍もじょうぶに鍛えられてい

る……．

〔その3〕　テレビのコマーシャルで，「4倍の迫力を！」というのを見たことがあります．インチ数(対角線の長さ)が2倍，つまり画面の面積が4倍になった新型テレビは，4倍の迫力があるのだというのですが……？

〔その4〕　以前，テレビのコマーシャルに「2倍の酔い心地をどうぞ」というのがありました．ウイスキーの値段が2分の1になったので，同じ金額で2倍買うことができ，したがって2倍飲むことができるので2倍の酔い心地，という論法なのですが，いかがでしょうか．

〔その5〕　テレビの天気予報での話．11月末にしては珍しい暖かさで，気温が12.2度もあった朝，「名古屋の今朝の気温は平年の倍以上もありました」とやっていて，おどろきました．この伝でいくと，気温が氷点下3度くらいの朝には，今朝の気温は平年のマイナス0.5倍くらいでした，と解説してくれるのではないかと楽しみです．

# 付　　　録

## 付録1　$\lim_{n \to \infty} n^{\frac{1}{n}} = 1$ の証明

$$f(x) = (1+x)^n - (1+nx)$$

という関数は，$x > 0$ で微分可能ですから

$$f'(x) = n(1+x)^{n-1} - n = n\{(1+x)^{n-1} - 1\} > 0$$

であることがわかります．そうすると，$f(0) = 0$ であり $f(x)$ は $x \geqq 0$ で増加するから，$x > 0$ のとき $f(x) > 0$ で，つまり

$$(1+x)^n > (1+nx)$$

ここで，$x = 1/\sqrt{n}$ とおくと

$$(1+1/\sqrt{n})^n > 1 + \sqrt{n} > \sqrt{n}$$

この式の左端と右端の項を $2/n$ 乗すると

$$(1+1/\sqrt{n})^2 > n^{1/n}$$

であり，$n$ が1より大きな値なら $n^{1/n} > 1$ ですから

$$(1+1/\sqrt{n})^2 - 1 > n^{1/n} - 1 > 0 \qquad (※)$$

ここで，$n \to \infty$ とすると $1 + 1/\sqrt{n} \to 1$ なので

$$(1+1/\sqrt{n})^2 - 1 \to 0$$

のはずですから，式（※）の中央の項は左と右の両側からゼロにはさみ討ちされ

$$n^{1/n} - 1 \to 0$$

を余儀なくされます．したがって，$\lim_{n \to \infty} n^{1/n} = 1$

## 付録 2　大きい数と小さい数の呼び方

大きいほうへは 1 万倍ごとに，万，億，兆，京，垓，<ruby>抒<rt>じょ</rt></ruby>，<ruby>穣<rt>じょう</rt></ruby>，<ruby>溝<rt>こう</rt></ruby>，<ruby>澗<rt>かん</rt></ruby>，<ruby>正<rt>せい</rt></ruby>，<ruby>載<rt>さい</rt></ruby>，<ruby>極<rt>きょく</rt></ruby>，<ruby>恒河沙<rt>ごうがしゃ</rt></ruby>，<ruby>阿僧祇<rt>あそうぎ</rt></ruby>，<ruby>那由多<rt>なゆた</rt></ruby>，<ruby>不可思議<rt>ふかしぎ</rt></ruby>，<ruby>無量大数<rt>むりょうたいすう</rt></ruby>，……．小さいほうへは十分の一きざみに，<ruby>分<rt>ぶ</rt></ruby>，<ruby>厘<rt>りん</rt></ruby>，<ruby>毛<rt>もう</rt></ruby>，<ruby>糸<rt>し</rt></ruby>，<ruby>忽<rt>こつ</rt></ruby>，<ruby>微<rt>び</rt></ruby>，<ruby>繊<rt>せん</rt></ruby>，<ruby>沙<rt>しゃ</rt></ruby>，<ruby>塵<rt>じん</rt></ruby>，<ruby>埃<rt>あい</rt></ruby>，<ruby>渺<rt>びょう</rt></ruby>，<ruby>漠<rt>ばく</rt></ruby>，模糊，<ruby>逡巡<rt>しゅんじゅん</rt></ruby>，<ruby>須臾<rt>しゅゆ</rt></ruby>，<ruby>瞬息<rt>しゅんそく</rt></ruby>，<ruby>弾指<rt>だんし</rt></ruby>，<ruby>刹那<rt>せつな</rt></ruby>，<ruby>六徳<rt>りっとく</rt></ruby>，<ruby>虚空<rt>こくう</rt></ruby>，<ruby>清浄<rt>しょうじょう</rt></ruby>，……とつづいてゆくのだそうです．二，三の異説もあるのですが……．

英語では，ten, hundred, thousand のあとは 1 千倍ごとに，million, billion, trillion, quadrillion, quintillion, sextillion, septillion, octillion, nonillion, decillion, undecillion, duodecillion, tredecillion, ……とまだまだつづきます．

小さいほうへは，one-tenth, one-hundredth, one-thousandth のあとは 1000 分の 1 になるごとに，one-millionth, one-billionth, one-trillionth, ……とつづければ，いいわけです．

## 付録 3　184 ページのクイズの答え

$$3 + 3 - 3 - 3 = 0 \qquad 3 + 3 + 3 - 3 = 6$$
$$(3 + 3) \div (3 + 3) = 1 \qquad 3 + 3 + 3 \div 3 = 7$$
$$3 \div 3 + 3 \div 3 = 2 \qquad 3 \times 3 - 3 \div 3 = 8$$
$$(3 + 3 + 3) \div 3 = 3 \qquad 3 \times 3 \times 3 \div 3 = 9$$
$$(3 \times 3 + 3) \div 3 = 4 \qquad 3 \times 3 + 3 \div 3 = 10$$
$$3 + 3 - 3 \div 3 = 5$$

なお，これ以外にたくさんの作り方がありますので，くふうしてみてください．